AF303729

Sebastian Palm

Untersuchung und Bewertung von Verfahren zur Inselnetzerkennung, -prognose und -stabilisierung in Verteilnetzen

2019

Bibliografische Information der Deutschen Nationalbibliothek:
Die Deutsche Nationalbibliothek verzeichnet diese Publikation
In der Deutschen Nationalbiografie; detaillierte bibliografische
Daten sind im Internet über http://dnb.dnb.de abrufbar.

Herstellung und Verlag:
BoD – Books on Demand, Norderstedt

ISBN: 978-3-74600-607-9

Technische Universität Dresden

Untersuchung und Bewertung von Verfahren zur Inselnetz-erkennung, -prognose und -stabilisierung in Verteilnetzen

Sebastian Palm

von der Fakultät Elektrotechnik und Informationstechnik der
Technischen Universität Dresden

zur Erlangung des akademischen Grades

Doktoringenieur

(Dr.-Ing.)

genehmigte Dissertation

Vorsitzender:	Prof. Dr.-Ing. habil. Henry Güldner (TU Dresden)
1. Gutachter:	Prof. Dr.-Ing. Peter Schegner (TU Dresden)
2. Gutachter:	Prof. Dipl.-Ing. Dr. techn. Lothar Fickert (TU Graz)
Weiteres Mitglied:	Prof. Dr.-Ing. Steffen Großmann (TU Dresden)

Tag der Einreichung: 11.03.2019
Tag der Verteidigung: 17.06.2019

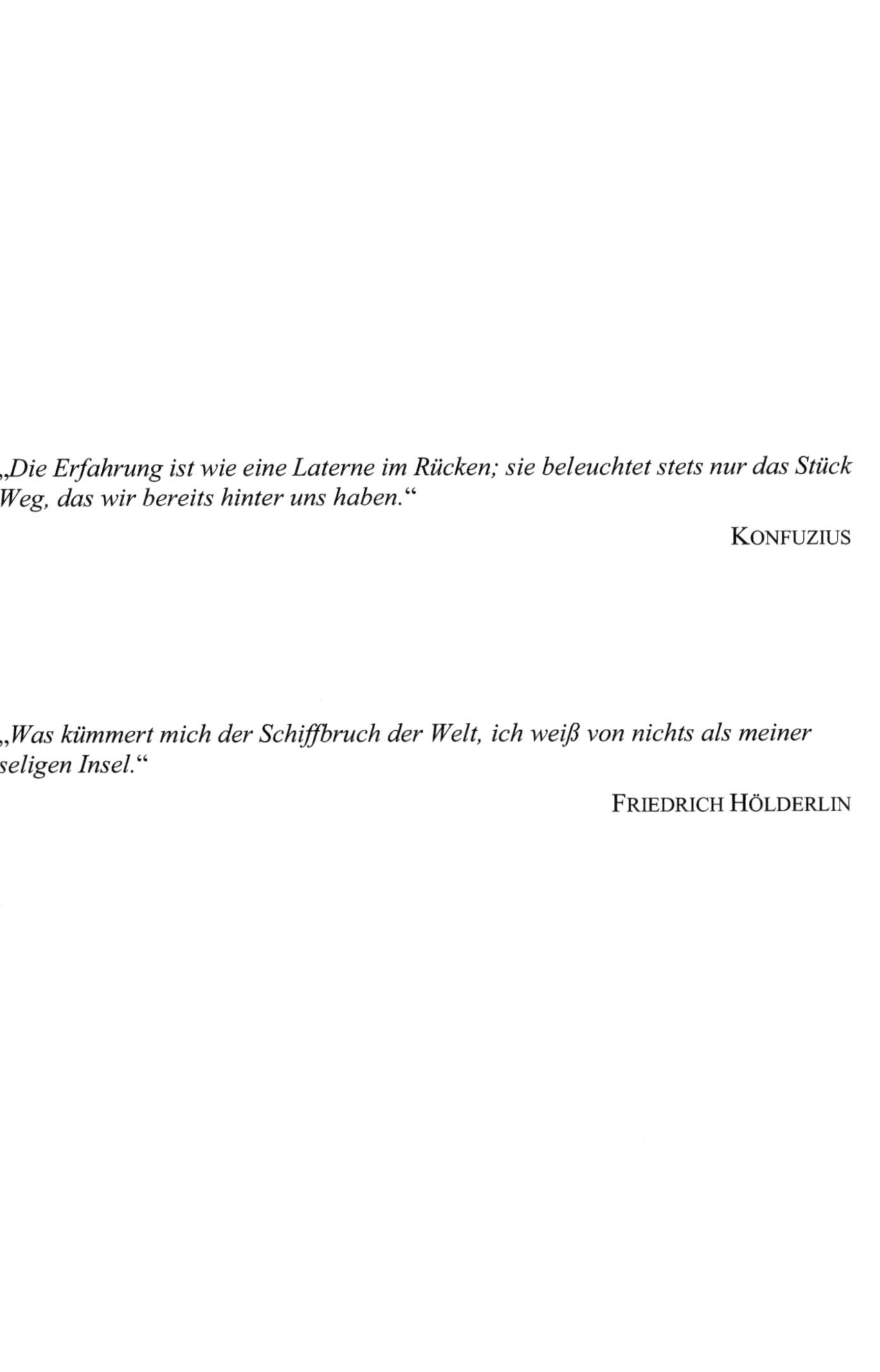

„Die Erfahrung ist wie eine Laterne im Rücken; sie beleuchtet stets nur das Stück Weg, das wir bereits hinter uns haben.“

KONFUZIUS

„Was kümmert mich der Schiffbruch der Welt, ich weiß von nichts als meiner seligen Insel.“

FRIEDRICH HÖLDERLIN

Vorwort

Ich möchte in dieser Arbeit die häufig unterschätzte Thematik der ungewollten elektrischen Inselnetze aufgreifen und gehe daher intensiv auf die Wirkungsmechanismen und Einflussgrößen, die zur Inselnetzbildung führen, ein. Die zuverlässige und schnelle Detektion ungewollter Inselnetze ist eine wichtige und, wie verschiedene reale Inselnetzsituationen zeigen, auch nach wie vor aktuelle Aufgabe im Rahmen der Elektroenergieversorgung.

Mit einem Blick in die Zukunft zeigt sich darüber hinaus auch die Notwendigkeit des Betriebs gewollter Inselnetze, insbesondere im Hinblick auf die zunehmende Gefahr eines großflächigen Blackouts. Aus diesem Grund behandle ich in dieser Arbeit ebenfalls grundlegende Regelungskonzepte für gewollte Inselnetze, die zur Verbesserung der Versorgungszuverlässigkeit eingesetzt werden können.

Die vorliegende Arbeit ist das Resultat von jahrelanger Forschung und war nur mit der Unterstützung vieler lieber Menschen möglich. Allen voran möchte ich mich bei meinem Doktorvater Prof. Dr. Peter Schegner für die fortwährende Begleitung des Themas mit konstruktiver Kritik und einem scharfsinnigen Blick für Details bedanken. Ohne seine Unterstützung wäre die Anfertigung der Arbeit nicht möglich gewesen. Einen großen Dank möchte ich auch Prof. Dipl.-Ing. Dr. techn. Lothar Fickert aussprechen, der das Thema ebenfalls von Anfang an mit großem Interesse begleitet hat und sofort zur Übernahme des zweiten Gutachtens bereit war.

Vielen Dank an meine lieben Kollegen, die mir jederzeit mit Rat und Tat zur Seite standen. Viele Erkenntnisse wären ohne die, der Kreativität sehr zuträglichen, Pausengespräche nicht möglich gewesen.

Bei meiner Familie und meinen Freunden möchte ich mich für den Rückhalt und die Unterstützung im Laufe der Jahre bedanken.

Schlussendlich auch noch großen Dank an meine Frau und meine Kinder, die für mich über die Jahre der Bearbeitung auch in stürmischen Zeiten immer eine schützende Insel waren.

Kurzfassung

Die zunehmende Dezentralisierung der elektrischen Energieerzeugung durch den stetigen Zubau dezentraler Erzeugungsanlagen, führt im verstärkten Maße zum Phänomen der ungewollten elektrischen Inselnetze. Es handelt sich dabei um Teilnetze, die nach einer gewollten oder ungewollten Trennung vom vorgelagerten Netz nicht spannungslos werden, da sich ein elektrisches Leistungsgleichgewicht zwischen den dezentralen Erzeugungsanlagen und den lokalen elektrischen Lasten einstellt.

Die Detektion und Abschaltung solcher ungewollten Inselnetze ist eine große Herausforderung an die heutige Energieversorgung. Es existieren zahlreiche Inselnetzdetektionsverfahren, die in der Lage sein sollen, alle Arten von ungewollten Inselnetzen zu erkennen. Reale Fälle von undetektierten ungewollten Inselnetzen in Verteilnetzen zeigen, dass die Prüfverfahren zur Verifizierung der Wirksamkeit der Inselnetzdetektionsverfahren unzureichend sind. Mit den Prüfverfahren werden nicht die kritischsten Netzzustände berücksichtigt. In dieser Arbeit wurden daher realitätsnahe Modelle von dezentralen Erzeugungsanlagen und Modelle von elektrischen Lasten entwickelt. Mit diesen neuen Modellen wird für verschiedene Szenarien der Übergangsvorgang vom Verbundbetrieb zum ungewollten Inselnetz analysiert und wesentliche Prozesse und Einflussgrößen herausgearbeitet.

Zur objektiven Bewertung verschiedener Inselnetzdetektionsverfahren werden neue, allgemeingültige Vergleichskriterien eingeführt, welche insbesondere die Wirksamkeit und Detektionsgeschwindigkeit berücksichtigen. Durch die Anwendung dieser Kriterien in zwei Referenznetzen, werden Rückschlüsse auf die Effizienz der Inselnetzdetektionsverfahren gezogen und kritische Fälle der Inselnetzbildung identifiziert. Aus den Kenntnissen dieser Situationen und deren Einflussparametern wird ein neues Verfahren zur Bestimmung der Wahrscheinlichkeit von ungewollten Inselnetzen entwickelt. Mit diesem Verfahren wird es möglich, den aktuellen Netzzustand zu überwachen und die Wahrscheinlichkeit von ungewollten Inselnetzen bereits vor einer Trennung des untersuchten Teilnetzes abzuschätzen.

Im letzten Teil der Arbeit werden konzeptionelle Möglichkeiten für den Betrieb gewollter Inselnetze untersucht. Die Erkenntnisse aus der Untersuchung ungewollter Inselnetze werden genutzt, um ein neues Konzept zu entwickeln, mit dem eine einfache Regelung gewollter Inselnetze möglich wird.

Abstract

The ongoing decentralisation of electrical energy generation due to the continuous expansion of distributed generation units leads to an increased occurrence of the phenomenon of unintentional electrical islands. These are sub-grids, which do not become de-energised after an intentional or unintentional disconnection from the upstream grid, as an electrical power equilibrium is established.

The detection and shutdown of such unintentional electrical islands is a major challenge for today's power supply system. Numerous islanding detection methods exist, which should be able to detect all kinds of unintentional island networks. However, real cases of unintentional electrical islands in distribution networks show, that the test procedures are insufficient to verify the effectiveness of these methods and that the most critical situations are not tested. Therefore, in this work realistic models of distributed generation units and various models of electrical loads are developed. Theoretical fundamentals as well as findings from measurements are used to improve the models. With these new models, the transition processes from interconnected operation to unintentional island are analysed for various arrangements to identify key processes and influencing variables.

Novel, universally valid comparison criteria are introduced for the investigation of various islanding detection methods, which in particular evaluate the effectiveness and detection speed. By applying these criteria in two different reference networks, conclusions are drawn about the efficiency of the detection methods and critical cases of unintentional islanding are identified. With the knowledge of these cases and influencing parameters, a new method for predicting unintentional electrical islands is developed. This method allows to monitor the current grid status and to estimate the danger of unintentional islands even before the sub-grid under investigation is separated.

Finally, conceptual possibilities for the operation of intentional electrical islands are investigated and implemented in this work. The findings from the study of unintentional electrical islands were used to develop a new concept that enables a simple control of intentional electrical islands.

Inhaltsverzeichnis

Zeichen, Benennungen und Einheiten

Formelzeichen

Δ	Änderung einer Größe
ΔP	Wirkleistungsdifferenz an einer potenziellen Trennstelle
ΔQ	Blindleistungsdifferenz an einer potenziellen Trennstelle
A_{NDZ}	Fläche der NDZ für ein Inselnetz-Detektionsverfahren
B	Bandbreite
C	Kapazität
$\cos\varphi$	Leistungsfaktor
E	Energie
f	Frequenz
$F(t)$	Summenverteilung
$F_{\mathrm{avg}}(t)$	Gemittelte Summenverteilung
G_{f}	Gütefaktor
I	Strom
J	Trägheit
K	Konstante oder Parameter
K_0	Modulationsfaktor
L	Induktivität
M	Drehmoment
m	Modulationssignal
m_{i}	Modulationsindex
n	Anzahl
P	Wirkleistung
p	bezogene Wirkleistung
P_{Insel}	Wahrscheinlichkeit für das Auftreten eines Inselnetzes
Q	Blindleistung
q	bezogene Blindleistung
R	Widerstand
S	Scheinleistung
s	Komplexe Kreisfrequenz (Bildvariable der Laplace-Transformation); bei Maschinengleichung Schlupf, bei Regelungen Statik

SI_{NDZ}	size of NDZ (Größe der NDZ)
t	Zeit
T	Periodendauer
t_D	Durchschnittliche Detektionszeit
TI_{NDZ}	time of NDZ (Geschwindigkeit der Inselnetzdetektion)
U	Spannung
$ü$	Übersetzungsverhältnis
U_c	vereinbarte Versorgungsspannung
V	Zu Beginn einer Schwingungsperiode gespeicherte Energie
W	Innerhalb einer Schwingungsperiode in thermische Energie umgewandelte elektrische Energie
Z	Impedanz
δ	Leistungswinkel
θ	Leitungswinkel
μ	Erwartungswert
σ	Standardabweichung
φ	Winkel
ψ	Flussverkettung
ω	Kreisfrequenz

Indizes

A	Anschluss
ac	Wechselspannungsgröße
c	vereinbarter Wert
d	d-Komponente
DC, dc	Gleichspannungsgröße
DEA	dezentrale Erzeugungsanlage
e	elektrisch
EL	Elektrische Last
EXP	Exponentialmodell
G	Generator
h	Hauptfeld
i	Integral

k	Größe an den Anschlussklemmen einer Erzeugungsanlage
$krit$	Grenzwert für den Rand der Nichtdetektierbaren Zone
$krit\,u,o$	untere und obere Grenze des Gefahrenbereichs der Inselnetzbildung
L	Parameter einer Leitung
LE	Leiter-Erde-Größe
LL	Leiter-Leiter-Größe
LM	Lastmodell
m	mechanisch
max	maximal
n	Nennwert
p	Proportional
$Pseudo$	Geschätzte Pseudomesswerte
PWM	Pulsweitenmodulation
q	q-Komponente
R	Rotorgröße
ref	Referenz- bzw. Sollgröße
res	Resonanz
RL	Variable aus der Parallelschaltung von R und L
RLC	Variable aus der Parallelschaltung von R, L und C
S	Ständergröße
$schritt$	Schrittweite der Leistungen
$turb$	Turbine
v	Verzögerung
$virt$	Virtuell
ZIP	Polynomialmodell
α	α-Komponente
β	β-Komponente
σ	Streufeld

Einheiten

$\%$	Prozent
$°$	Grad
A	Ampere

h	Stunden
Hz	Hertz
kg	Kilogramm
km	Kilometer
m	Meter
min	Minuten
$p.u.$	per unit
s	Sekunden
S	Siemens
$sq\%$	Fläche einer NDZ mit Seitenlängen in %
V	Volt
var	Volt-Ampere-reaktiv
W	Watt
Ω	Ohm

Abkürzungen

AC	Wechselspannung
AR	Anwendungsrichtlinie
ASG	Asynchrongenerator
AWE	Automatische Wiedereinschaltung
$BHKW$	Blockheizkraftwerk
$CIGRE$	Conseil International des Grands Réseaux Électriques
DA_FS	Frequenzshift
DA_IZ	Impedanzzuschaltung
DA_MPH	Modulation von $\cos\varphi$ /$\sin\varphi$
DA_PS	Phasenshift
DA_QFR	$Q(f)$-Regelung
DC	Gleichspannung
DEA	Dezentrale Erzeugungsanlage
DP_PSD	Phasensprung-Detektion
DP_UFS	Spannungs- und Frequenzschutz
Dy	Schaltgruppe Dreieck-Stern
E_DEZ	Dezentral angeordnete Erzeugungsanlagen im generischen Verteilnetz

E_ZEN	Zentral angeordnete Erzeugungsanlagen im generischen Verteilnetz
EE	Erzeugungseinheit
EL	Elektrische Last
EMT	Electromagnetic Transients (Elektromagnetische Vorgänge)
ES	Entkupplungsschutz
EUT	Equipment under test (zu prüfendes Gerät)
FRT	Fault Ride Through (Fähigkeit zum Durchfahren von Fehlern)
G_ASG	Asynchrongenerator
G_SG	Synchrongenerator
G_WR	Erzeugungsanlage mit Wechselrichter
G_WRA	Einspeisung mit einer Kombination aus G_WR und G_ASG
HS	Hochspannung
IDV	Inselnetz-Detektionsverfahren
IEC	International Electrotechnical Commission
$IEEE$	Institute of Electrical and Electronics Engineers
$IGBT$	Insulated-Gate Bipolar Transistor (Bipolartransistor mit isolierter Gate-Elektrode)
KTE	Kurzzeitige Trennung
L_REA	Lastmodell mit realen Spannungs- und Frequenzabhängigkeiten
L_RL	Parallelkreis mit Widerstand und Induktivität
L_RLC	Parallelkreis mit Widerstand, Induktivität und Kapazität
MI	Mittag
MO	Morgen
MPP	Maximum Power Point
MS	Mittelspannung
NA	Nachmittag
NDZ	Nichtdetektierbare Zone
NEA	Netzersatzanlage
NS	Niederspannung
PLL	Phase-Locked-Loop (Phasenregelschleife)
POD	Point of disconnection (potenzielle Trennstelle)
PV	Photovoltaik

PWM	Pulsweitenmodulation
SIZ	Stabile Inselnetzzone
SS	Sammelschiene
ST_PF/QU	Statik mit einem Zusammenhang zwischen Wirkleistung und Frequenz sowie Blindleistung und Spannung
ST_PQUF	Statik mit einem gemischten Zusammenhang zwischen Wirkleistung und Blindleistung sowieSpannung und Frequenz
ST_PU/QF	Statik mit einem Zusammenhang zwischen Wirkleistung und Spannung sowie Blindleistung und Frequenz
THD	Total Harmonic Distortion (Gesamte harmonische Verzerrung)
UCTE	Union for the Co-ordination of Transmission of Electricity
ÜP	Übergabepunkt
UW	Umspannwerk
VCO	Voltage Controlled Oscillator (Spannungsgesteuerter Oszillator)
VDE	Verband der Elektrotechnik Elektronik Informationstechnik e. V.
VI	Virtuelle Impedanz
VSG	Virtueller Synchrongenerator
WKA	Windkraftanlagen
WR	Wechselrichter
WSK-IN	Inselnetzwahrscheinlichkeit
Yd	Schaltgruppe Stern-Dreieck

1 Einleitung

1.1 Motivation

Der Zubau an dezentralen Erzeugungsanlagen (DEA) in den letzten Jahren übertraf in Deutschland alle Erwartungen und führte dazu, dass ein erheblicher Anteil der erzeugten Elektroenergie (38,2 % im Jahr 2017 [1]) inzwischen aus erneuerbaren Energiequellen stammt. Wie in der Übersicht in Bild 1-1 zu erkennen, stellen dabei die dargebotsabhängigen Einspeiser, vorrangig Windkraft und Photovoltaik (PV), den größten Anteil am Gesamtenergieverbrauch zur Verfügung.

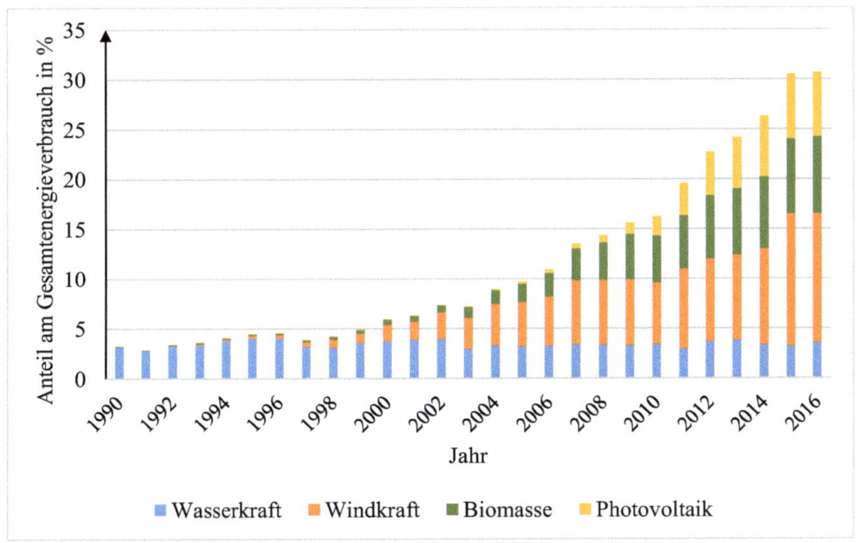

Bild 1-1: Anteil der erneuerbaren Energie am Gesamtenergieverbrauch in Deutschland seit 1990 (Daten aus [2])

Die zunehmende Dezentralisierung der Energieerzeugung stellt sowohl an die Belastbarkeit des elektrischen Netzes als auch an die Bereitstellung von Systemdienstleistungen hohe Anforderungen. Zusätzlich entstanden auch andere, bislang nur wenig berücksichtigte Phänomene im Verteilnetz, die bei einer zentralen Energieversorgung nicht eintreten können. Ein wesentliches Phänomen ist dabei die Bildung ungewollter elektrischer Inselnetze [3, 4]. Der Begriff elektrisches Inselnetz beschreibt den Systemzustand, in dem ein Teilnetz des elektrischen Versorgungssystems von allen vorgelagerten Netzen getrennt ist, aber ein elektrisches Leistungsgleichgewicht aufweist und dadurch nicht spannungslos wird. Die Trennung vom vorgelagerten Netz kann dabei beispielsweise durch Auslösung von Schutzgeräten, im Rahmen einer automatischen Frequenzentlastung oder durch Schalthandlungen des Betriebspersonals erfolgen. Ein elektrisches Inselnetz, welches als Folge einer mit dem Ziel der Herstellung des spannungslosen Zustands durchgeführten Schalthandlung entsteht, wird dabei ungewolltes Inselnetz genannt.

Ungewollte Inselnetze können zu zahlreichen Problemen führen:

- Spannungsfreiheit nach einer Freischaltung ist nicht gewährleistet
- Spannung und Frequenz sind nicht von Netzbetreiber kontrollier- und beeinflussbar
- Erfolgswahrscheinlichkeit der Automatischen Wiedereinschaltung (AWE) infolge einer Abschaltung durch den Selektivschutz wird verringert
- Haftung bei entstandenen Schäden im Rahmen eines Inselnetzbetriebes muss geklärt werden
- Asynchrones Wiederzuschalten eines elektrischen Inselnetzes kann zu Schäden an Betriebsmitteln führen
- Einhaltung der Schritt- und Berührungsspannung ist nicht gewährleistet
- Verringerung der Versorgungsqualität, z.B. durch Auftreten von Resonanzen oder Verringerung der Kurzschlussleistung

Lange Zeit wurde davon ausgegangen, dass ungewollte Inselnetze sehr schnell von allein die Stabilität verlieren und insbesondere Inselnetze mit einer überwiegenden Einspeisung über Wechselrichter nicht auftreten können. Dass jedoch auch große PV-Anlagen in der Lage sind ungewollte Inselnetze stabil zu halten und im Minutenbereich zu stabilisieren, zeigte sich unter anderem in einem Verteilnetz in Spanien [4]. In einem Mittelspannungs-Verteilnetz des Netzbetreibers Iberdrola stellten sich wiederholt im Zuge von Wartungsarbeiten in einer Verteilnetzstation stabile ungewollte Inselnetze ein. Um den Effekt näher zu untersuchen, wurden Inselnetz-Feldtests mit zwei verschiede-

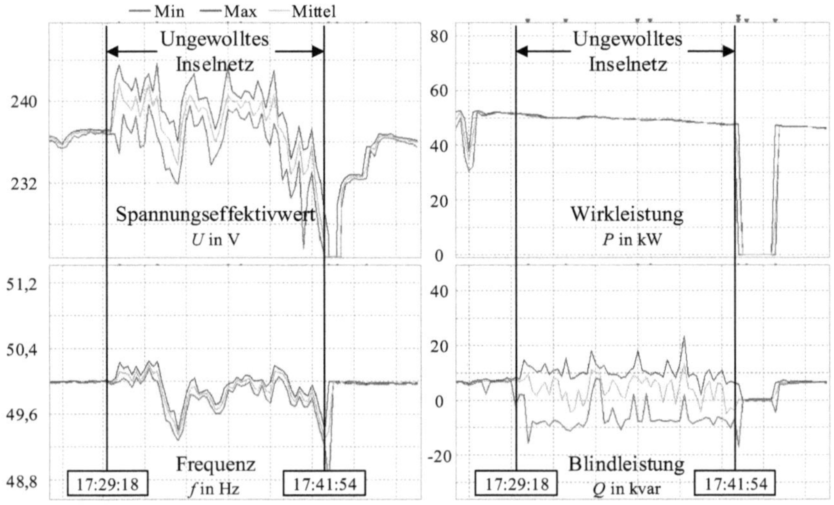

Bild 1-2: Messwerte einer PV-Anlage innerhalb eines ungewollten Inselnetzes bei Iberdrola in Spanien (Diagramme aus [4], bearbeitet)

nen Netzgruppen durchgeführt. Die Verbraucherleistungen der beiden Netzgruppen beliefen sich auf etwa 700 kW und 2,5 MW. In den Netzgruppen wurde der größte Anteil der erzeugten Leistung von großen PV-Anlagen zu Verfügung gestellt. Nachdem die Leistungsbilanz durch Abschaltung einiger DEA nahezu ausgeglichen war, wurde die Verbindung zum Verbundnetz geöffnet und es stellte sich ein stabiles elektrisches Inselnetz ein. Die Verläufe der elektrischen Größen während der stabilen, ungewollten Insel in der 2,5-MW-Netzgruppe sind für eine einzelne PV-Anlage in Bild 1-2 dargestellt. Während des Inselnetzbetriebes lässt sich erkennen, dass sowohl Spannung als auch Frequenz erheblich größeren Schwankungen als im Verbundbetrieb unterliegen. Die Abweichungen vom Nennwert sind jedoch zu keinem Zeitpunkt groß genug, um eine Trennung aufgrund der Verletzung von Spannungs- oder Frequenzgrenzen durchführen zu lassen. Das ungewollte Inselnetz wurde daher nach rund 12 Minuten durch manuelle Abschaltung der größten DEA beendet.

Die Bildung ungewollter Inselnetze im Verteilnetz ist demnach kein fiktives, in der Zukunft liegendes Szenarium, sondern bereits heute eine konkrete Gefahr, die im Netzbetrieb berücksichtigt und der mit Gegenmaßnahmen begegnet werden muss.

1.2 Ziel und Aufbau der Arbeit

Um ungewollte Inselnetze detektieren und die beteiligten DEA abschalten zu können, wurden zahlreiche Inselnetzdetektionsverfahren (IDV) entwickelt und einige davon werden bereits im elektrischen Netz eingesetzt [5, 6]. Allen gemeinsam ist jedoch, dass die Wirksamkeit nicht für alle Netzsituationen und Einflussfaktoren gegeben ist. Standardmäßige Tests und Untersuchungen gehen zumeist von einer Parallelschaltung von Widerstand, Induktivität und Kapazität für die Nachbildung der Belastung im Inselnetz aus. Diese Art der Modellierung wurde aufgrund ihres Schwingkreisverhaltens als worst-case-Anforderung für die Prüfung von IDV angenommen [7–11]. Im elektrischen Verteilnetz ist dieser Fall jedoch sehr selten, da die elektrische Last ein davon abweichendes Verhalten aufweist. Das reale Lastverhalten wurde in verschiedenen Studien sowohl für einzelne elektrische Geräte [12, 13], als auch für komplette Teilnetze ermittelt [14–16]. Zur Abbildung des elektrischen Lastverhaltens wurden zahlreiche unterschiedliche Lastmodelle entwickelt [17]. Ebenso wurden Einflüsse der Anlagenregelung, wie die geforderte Wirkleistungsreduzierung [18, 19] bei Überschreitung von 50,2 Hz im UCTE-Netz, in Bezug auf ungewollte Inselnetze untersucht.

Insgesamt zeigte sich, dass zwar einzelne IDV analysiert, das Verhalten von DEA untersucht und Lastmodelle entworfen wurden, eine umfassende Kombination dieser Teile aber noch nicht erfolgte. Es mangelt an Untersuchungen, die das Gesamtsystem aus diesen einzelnen Komponenten, die gemeinsam einen Einfluss auf ungewollte Inselnetze ausüben, berücksichtigen. So muss der Einfluss zunehmend von DEA geforderter, netzstützender Funktionen im Zusammenspiel mit dem elektrischen Lastverhalten auch in ungewollten Inselnetzen untersucht werden. Ebenso können Wechselwirkungen zwischen mehreren DEA auftreten, welche Beeinträchtigungen von IDV zur Folge haben. All diese Effekte können nur im Gesamtsystem erkannt und bewertet werden.

Das Ziel der Arbeit ist demnach die grundlegende und ausführliche Untersuchung der Vorgänge, die beim Übergang vom Verbundbetrieb zum Inselnetzbetrieb auftreten. Es soll die Zuverlässigkeit, Wirkungsweise und Beeinflussbarkeit von IDV in realen Netzsituationen untersucht werden. Dazu müssen neben geeigneten Prüfszenarien insbesondere neue Bewertungskriterien definiert werden, mit denen es möglich wird, eine objektive Vergleichbarkeit der IDV zu erzielen.

Als wissenschaftliche Zielstellungen ergeben sich dadurch:

- Detaillierte Modellierung der DEA mit allen regelungs- und elektrotechnischen Komponenten, die einen Einfluss auf die Vorgänge in ungewollten Inselnetzen haben können
- Entwicklung von Lastmodellen zur Nachbildung des spannungs- und frequenzabhängigen Verhaltens realer elektrischer Lasten und Lastgruppen unter besonderer Berücksichtigung neuer Verbrauchertypen und aktueller Lastzusammensetzungen
- Erarbeitung neuer Bewertungskriterien zum objektiven Vergleich der Wirksamkeit und Geschwindigkeit von IDV
- Untersuchung der Bedeutung des Lastverhaltens und der netzstützenden Funktionen der DEA auf die ungewollte Inselnetzbildung
- Bewertung, Vergleich und Optimierung von IDV
- Entwicklung von Verfahren zur Bestimmung der Wahrscheinlichkeit eines möglichen ungewollten Inselnetzes bereits vor der Trennung eines Teilnetzes

Vorhandene DEA im Verteilnetz können jedoch auch gezielt zur Aufrechterhaltung der lokalen Energieversorgung genutzt werden. Daher ergibt sich eine weitere Zielstellung, indem anstelle einer Abschaltung ungewollter Inselnetze die gezielte Inselnetzfähigkeit und damit ein neuer sicherer Betriebszustand hergestellt wird:

- Konzeptionelle Untersuchung von verschiedenen Regelungskonzepten für den Betrieb gewollter Inselnetze
- Entwicklung von Konzepten zum Übergang zwischen Verbund- und Inselnetzbetrieb

Der sich aus diesen Zielstellungen ergebende Aufbau der Arbeit ist in Bild 1-3 strukturiert dargestellt. In Kapitel 2 wird auf die Grundlagen der elektrischen Inselnetze eingegangen. Außerdem werden das Prinzip der IDV und genormte IDV-Prüfverfahren vorgestellt. Kapitel 3 beschäftigt sich mit den allgemeinen Anforderungen, die an DEA gestellt werden. Zudem wird die regelungs- und elektrotechnische Modellierung der DEA, die in dieser Arbeit verwendet werden, im Detail vorgestellt. Neben der realitätsnahen Modellierung der DEA ist auch die Modellierung elektrischer Lasten von großer Bedeutung für die Untersuchung. Daher werden in Kapitel 4 sowohl bekannte als auch neue Lastmodelle untersucht und entwickelt. Aus den Erzeuger- und Lastmodellen werden in Kapitel 5 Simulationsszenarien abgeleitet, in denen verschiedene IDV umgesetzt werden können. Um die Ergebnisse der Simulationen miteinander objektiv vergleichen zu können, werden allgemeingültige Bewertungskriterien eingeführt. In Kapitel 6 werden analytische Berechnungen einfacher Anordnungen und umfangreiche Simulationen komplexer Anordnungen durchgeführt und bewertet. Zum Schluss erfolgt eine Bewertung der IDV. Durch die Kenntnis der Netzzustände, in denen die Bildung eines ungewollten Inselnetzes besonders wahrscheinlich ist, kann das Risiko einer ungewollten Insel abgeschätzt werden. Dazu wird in Kapitel 7 ein Verfahren zur Inselnetzprognose entwickelt, welches auf den Ergebnissen aus Kapitel 6 aufbaut. In zukünftigen Versorgungsnetzen können elektrische Inselnetze zur Verringerung von Ausfallzeiten und zum Netzwiederaufbau nach einem Großausfall beitragen. In Kapitel 8 werden daher konzeptionelle Ansätze zum Betrieb gewollter Inselnetze mit DEA vorgestellt und erprobt. Schließlich werden die gewonnen Erkenntnisse in Kapitel 9 zusammengefasst und ein Ausblick auf weitere Themengebiete der Inselnetzbildung gegeben.

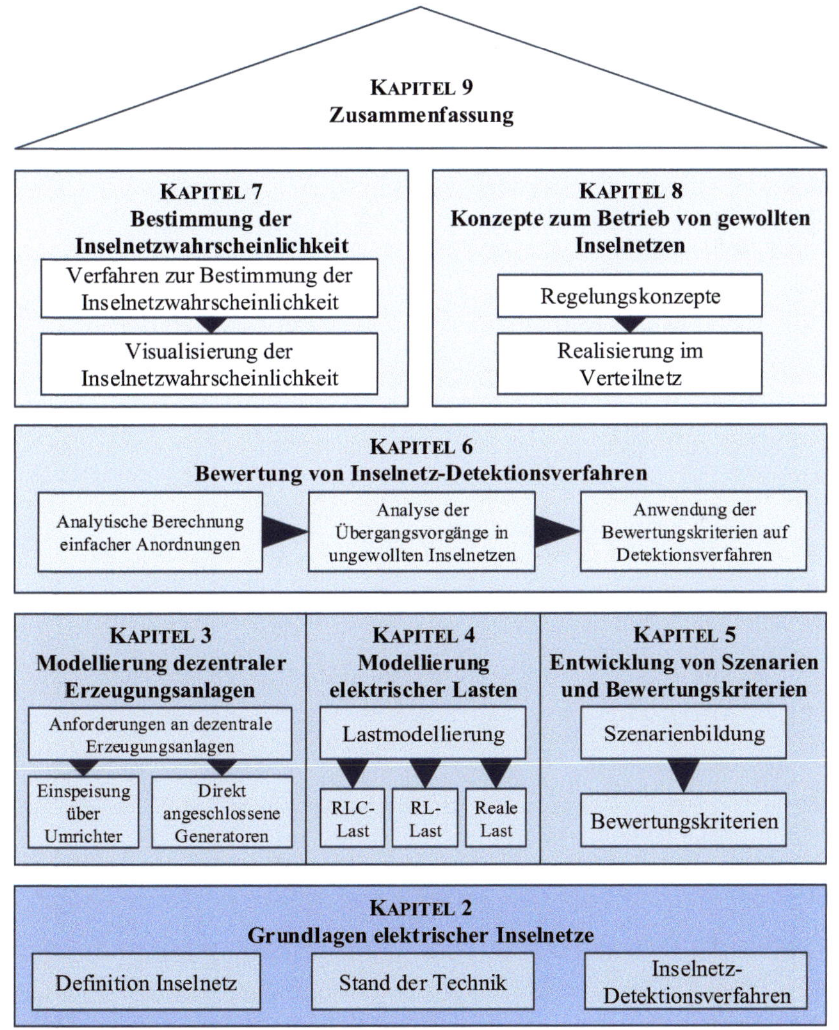

Bild 1-3: Überblick zum Aufbau der Arbeit

2 Grundlagen elektrischer Inselnetze

Der Begriff des elektrischen Inselnetzes wird in unterschiedlichen Zusammenhängen verwendet, die Bedeutung ist jedoch oftmals nicht identisch. In diesem Kapitel werden daher zunächst Definitionen aus verschiedenen Literaturquellen dargestellt und daraus anschließend eine Definition des Begriffes „elektrisches Inselnetz" abgeleitet, auf die sich alle weiteren Ausführungen beziehen. Im Anschluss wird das Prinzip der IDV erläutert und IDV-Prüfverfahren vorgestellt. Zuletzt werden Ergebnisse von Labormessungen, die dem Prüfverfahren nachempfunden sind, mit handelsüblichen PV-Wechselrichtern präsentiert.

2.1 Definition des Begriffs „elektrisches Inselnetz"

Der Begriff des elektrischen Inselnetzes ist bislang nicht eindeutig definiert. Verschiedene Veröffentlichungen, Normen und Richtlinien führen jeweils ihre eigene Definition ein. Im Folgenden werden Definitionen aus unterschiedlichen Quellen vorgestellt und schließlich eine Definition des Begriffs für diese Arbeit abgeleitet.

2.1.1 Definitionen elektrischer Inselnetze in der Literatur

Zunächst werden allgemeine Definitionen für elektrische Inselnetze aufgeführt. Diese treffen keine Aussagen darüber, ob das Inselnetz gewollt oder ungewollt ist.

Inselnetz nach IEEE 1547 [20]

„Ein Zustand, in dem ein Teil des räumlich ausgedehnten Elektroenergiesystems lediglich durch ein oder mehrere lokale Elektroenergiesysteme über die zugehörigen Verknüpfungspunkte (PCC) gespeist wird, wobei dieser Teil vom Rest des Elektroenergiesystems elektrisch getrennt ist."[1]

Diese Definition trifft keine Aussage über die Größenordnung der Leistung eines Inselnetzes. Es wird nur festgelegt, dass eine elektrische Trennung vorhanden sein muss, die das Inselnetz vom Rest des Verbundnetzes trennt.

Inselnetz nach Mrugowsky [21]

„Im Gegensatz zum Verbundnetz soll unter einem Inselnetz ein Elektroenergiesystem verstanden werden, das räumlich eindeutig begrenzt ist, von nur einem Kraftwerk oder sogar nur einem Generator versorgt wird und auch transformatorisch nicht mit anderen Netzen dauerhaft verbunden ist. Wegen der meist geringen räumlichen Ausdehnung kann auf die Höchst- und auch die Hochspannungsebenen, vielfach sogar auf ein separates Mittelspannungsnetz verzichtet werden, so dass dann nur eine Drehstrom-Spanungsebene existiert, das Inselnetz also ein reines Niederspannungsnetz ist."

---

[1] Im Original IEEE 1547: *„A condition in which a portion of an area electric power system (EPS) is energized solely by one or more local EPSs through the associated points of common coupling (PCCs) while that portion of the area EPS is electrically separated from the rest of the area EPS."*

Nach der zweiten Definition ist ein Inselnetz klar räumlich begrenzt und beinhaltet in der Regel nur eine Erzeugungsanlage. Ebenfalls wird in [21] eingegrenzt, dass ein Inselnetz vorrangig in der Niederspannung (NS) zu sehen ist, womit der Begriff Inselnetz nach dieser Definition nicht für die Hoch- und Höchstspannungsebene (HS und HöS) zulässig ist. Der bezeichnete Erzeuger kann jedoch auch in der Mittelspannungsebene (MS) angeschlossen sein und über Transformatoren auch NS-Verbraucher mit Energie versorgen.

Inselnetz nach DIN VDE V 0126-1-1 [22]

„Der Inselnetzbetrieb ist der Zustand eines vom größeren Rest des Netzes getrennten Teilnetzes, in dem dezentrale Eigenerzeugungsanlagen den Verbrauch der angeschlossenen Lasten decken. Ursachen der Trennung sind z. B. Schalthandlungen des Netzbetreibers, Auslösen von Schutzeinrichtungen oder Ausfälle von Betriebsmitteln."

In dieser Definition wird hervorgehoben, dass der Energiebedarf der Lasten durch die DEA innerhalb des Teilnetzes gedeckt werden kann.

Inselnetz nach DIN VDE V 0126-2 [23]

„[…] ein Zustand in einem Stromversorgungsnetz, welcher [sic] Erzeugung und Belastung enthält, in dem der vom System getrennte Rest weiterhin versorgt wird. Erzeugung und Lasten können jede Kombination aus kundeneigenen und versorgereigenen Einrichtungen sein."

Diese Definition ist sehr weit gefasst und schränkt die Inselnetzgröße und die Beteiligten nicht ein. Es fällt auf, dass die beiden sehr eng zusammengehörenden Normen 0126-1-1 und 0126-2 bereits unterschiedliche Definitionen verwenden.

Einige der Veröffentlichungen unterscheiden darüber hinaus in beabsichtigte und unbeabsichtigte Inselnetze.

Beabsichtigte und unbeabsichtigte Inselnetze nach IEEE 1547 [20]

„Inselnetz, beabsichtigt: Ein geplantes Inselnetz.
Inselnetz, unbeabsichtigt: Ein ungeplantes Inselnetz."[2]

Diese Definition unterteilt beabsichtigte und unbeabsichtigte Inselnetze danach, ob ihr Auftreten zuvor geplant war oder nicht. Mit dieser Definition wird hervorgehoben, dass ein beabsichtigtes Inselnetz bereits in der Netzplanung vorgesehen werden muss. Ist dies nicht der Fall, so wird es als unbeabsichtigtes Inselnetz bezeichnet.

Unbeabsichtigte Inselnetze nach DIN VDE V 0126-1-1 [22]

„Bei einem unbeabsichtigten Inselnetzbetrieb vollzieht sich dieser Vorgang [die Inselnetzbildung] außerhalb der Kontrolle des Netzbetreibers. Spannung und Frequenz des getrennten Teilnetzes sind nicht vom Netzbetreiber zu beeinflussen."

---

[2] Im Original IEEE 1547: island, intentional: A planned island.
island, unintentional: An unplanned island.

In dieser Definition wird nur auf den ungewollten Inselnetzbetrieb eingegangen. Im Fokus liegt dabei, dass der Netzbetreiber bei einer ungewollten Inselnetzbildung keine Kontrolle und keine Möglichkeit des Eingriffes in dem sich bildenden Inselnetz hat.

Beabsichtigte Inselnetze nach DIN VDE V 0126-2 [23]

„[...] eine Insel, die absichtlich erzeugt wird, üblicherweise, um das von einer Störung beeinflusste Versorgungsnetz wieder mit Strom zu versorgen oder um die Versorgung aufrechtzuerhalten. Die Erzeugung und die Lasten dürfen mit jeder Kombination von kundeneigenen und versorgereigenen Einrichtungen erfolgen, jedoch gibt es für diese Situation eine unausgesprochene oder ausdrückliche Vereinbarung zwischen dem steuernden Versorgungsunternehmen und den Bedienungspersonen in der kundeneigenen Erzeugungsstelle."

Nach dieser Definition werden beabsichtigte Inselnetze für eine gezielte Weiter- oder Wiederversorgung von Teilnetzen eingesetzt. Die Netzführung im Inselnetz wird nicht konkretisiert, es wird aber angedeutet, dass die Regelung eines gewollten Inselnetzes im Vorfeld abgesprochen werden muss. Damit findet sich der planerische Aspekt der beabsichtigten Insel aus der IEEE 1547 wieder.

2.1.2 Definition Inselnetz in dieser Arbeit

In dieser Arbeit wird die folgende Definition für ein elektrisches Inselnetz verwendet:

Der Begriff **Inselnetz** beschreibt den Systemzustand, in dem ein Teilnetz des elektrischen Versorgungssystems von allen vorgelagerten Netzen getrennt ist, jedoch ein elektrisches Leistungsgleichgewicht aufweist und dadurch nicht spannungslos wird. In Höchstspannungsnetzen kann dabei auch die vollständige Trennung von benachbarten Netzen der gleichen Spannungsebene zur Bildung eines Inselnetzes führen. Die Trennung bedeutet dabei sowohl eine energetische Entkopplung als auch eine Entkopplung der Systemdienstleistungen, da innerhalb des Inselnetzes nicht mehr die Kurzschlussleistung und Blindleistung des vorgelagerten Netzes oder getrennter Nachbarnetze zur Verfügung stehen.

Es wird eine Unterteilung in verschiedene Arten der Inselnetze durchgeführt:

- **ungewolltes Inselnetz**: Inselnetz ist ein Teilnetz, das nach einer betrieblich herbeigeführten Trennung oder infolge äußerer Einflüsse (z.B. Leiterseilriss) nicht den spannungslosen Zustand annimmt, obwohl dieser das Ziel der Trennung war.

- **gewolltes Inselnetz**: Inselnetz ist ein Teilnetz, in dem nach einer betrieblich herbeigeführten Trennung die teilweise oder auch vollständige Weiterversorgung gewährleistet wird. Dieses Teilnetz enthält mindestens eine netzbildende und damit netzführende, also Spannung und Frequenz vorgebende, Anlage.

- **reguläres Inselnetz**: Inselnetz ist ein Teilnetz, welches im normalen Betrieb keine Verbindung zum vorgelagerten Netz aufweist (Bordnetze, geographische Inseln, Bergnetz, ...)

2.1.3 Phasen nach der Inselnetzbildung

Hat sich ein elektrisches Inselnetz gebildet, so kann sich entweder ein neuer, stationärer Zustand im Teilnetz der Insel einstellen oder die Energieversorgung bricht nach kurzer Zeit, beispielsweise infolge stark unausgeglichener Leistungsbilanzen, zusammen. Abhängig von der Dauer, die ein elektrisches Inselnetz besteht, wird es nach [24] in folgende Kategorien unterteilt:

- instabiles Inselnetz $(< 5 \text{ s})$
- quasistabiles Inselnetz $(5\text{-}60 \text{ s})$
- stabiles Inselnetz $(> 60 \text{ s})$

Die in einem elektrischen Inselnetz wirksamen Regelungen (beispielsweise die Stromregelung von Wechselrichtern) der DEA arbeiten sehr schnell, sodass innerhalb der ersten 5 s alle maßgeblichen Übergangsvorgänge abklingen. Ungewollte Inselnetze müssen nach den technischen Richtlinien innerhalb dieser 5 s abgeschaltet werden [18]. In dem Zeitrahmen von 5 bis 60 s wirken vorwiegend bewusst verzögerte Vorgänge wie Leistungsausgleich über Sekundärregelungen, Transformatorstufungen oder Blindleistungsstatiken. Nach diesen Vorgängen wird eine noch nicht abgeschaltete elektrische Insel als stabil bezeichnet. Nachfolgende Veränderungen resultieren im Wesentlichen aus stochastischen Schaltungen von elektrischen Lasten und der Volatilität der dominierenden erneuerbaren Primärenergieträger Wind und Sonne. Änderungen am Schaltzustand innerhalb des elektrischen Inselnetzes bewirken jedoch eine komplett neue Konstellation aus DEA und elektrischen Lasten, sodass wiederum Übergangsvorgänge auftreten.

2.2 Mögliche Varianten des Entkopplungsgrades von Teilnetzen

Neben den komplett vom restlichen Versorgungsnetz getrennten elektrischen Inselnetzen gibt es noch weitere Netzbetriebsarten, die eine Art der Entkopplung vom Verbundnetz zur Folge haben. In Bild 2-1 sind weitere mögliche Betriebsarten dargestellt und die Unterschiede der verschiedenen Varianten in Tabelle 2-1 strukturiert aufgeführt. Weiterführende Informationen zum modularen Netz können dazu in [25] nachgelesen werden.

Tabelle 2-1: Strukturierte Übersicht der verschiedenen Entkopplungsvarianten von Teilnetzen

Bezeichnung	Entkopplung von			Netzbildung
	Leistungs-bilanz	Energie-bilanz	Systemdienst-leistungen	
Verbundener Netzbetrieb	nein	nein	nein	Außerhalb des Teilnetzes
Energieautarkes Netz	nein	ja	nein	Außerhalb des Teilnetzes
Modulares Netz	nein	nein / ja	ja	Durch leistungselektronische Netzkupplung
Inselnetz	ja	ja	ja	Eine oder mehrere DEA innerhalb des Teilnetzes

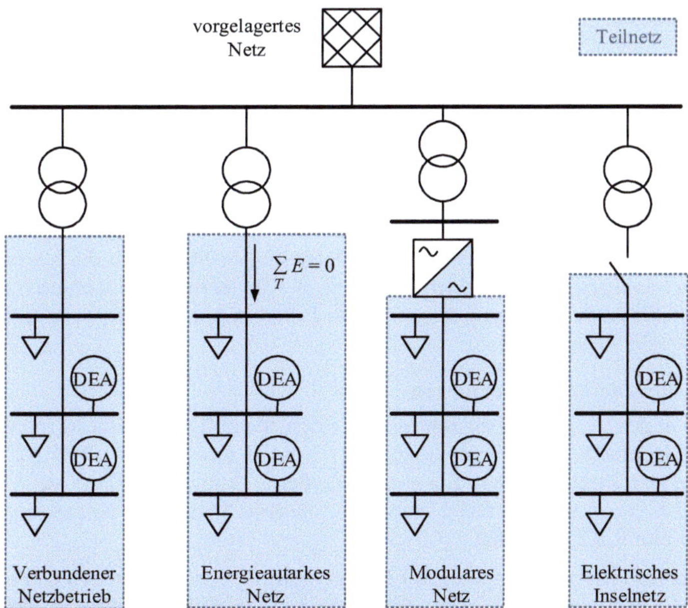

Bild 2-1:   Unterteilung verschiedener Betriebsarten nach Art der Entkopplung

Der **verbundene Netzbetrieb** ist aktuell der Normalzustand der elektrischen Energieversorgung. Dabei arbeiten alle Erzeugungsanlagen und Verbraucher in einem gemeinsamen Verbundnetz. Bei dieser Betriebsart sind Leistung, Energie und auch die Systemdienstleistungen von Teilnetz und vorgelagertem Netz gekoppelt.

In einem **energieautarken Netz** erfolgt nur eine energetische Entkopplung. Dabei ist im betrachteten Teilnetz die momentane Leistungsbilanz nicht zwangsläufig zu jedem Zeitpunkt ausgeglichen. Stattdessen erfolgt eine Regelung des Energieflusses, mit der ein bilanziell ausgeglichener Energiehaushalt (über Minuten, Viertelstunden, …) gewährleistet wird. Die Systemdienstleistungen wie Blindleistungsbereitstellung und Kurzschlussleistung, insbesondere aber auch die Netzführung, werden weiterhin durch das Verbundnetz bestimmt und zur Verfügung gestellt.

Auf der anderen Seite besteht die Möglichkeit des Aufbaus von **modularen Netzen** [26], mit denen vorrangig eine Entkopplung der Systemdienstleistungen erzielt wird. Spannungsqualität, Kurzschlussleistung und Blindleistung werden hierbei von einer leistungselektronischen Netzkupplung gewährleistet und gesteuert. Diese muss zugleich auch die Aufgabe der Netzführung für das Teilnetz übernehmen. Eine energetische Entkopplung ist dabei nicht erforderlich, es erfolgt nur ein Wirkleistungsaustausch mit dem vorgelagerten Netz. Eine Entkopplung der Energiebilanz ist möglich, erfordert aber die Steuerbarkeit von DEA oder Lasten oder den Einsatz elektrischer Speicher im entkoppelten Teilnetz. Die Frequenz innerhalb des modularen Netzes kann dafür als hochverfügbarer Kommunikationskanal genutzt werden [27].

Im Gegensatz zum **elektrischen Inselnetz**, bei dem Leistung, Energie und auch die Systemdienstleistungen komplett entkoppelt sind, zielen diese neuen Ansätze auf eine Reduzierung bzw. eine Vergleichmäßigung und Steuerbarkeit des Energieaustausches mit dem vorgelagerten Netz ab, was zu einer effektiveren Auslastung vorhandener Netzbetriebsmittel führen soll und damit den Bedarf für Netzverstärkungen oder -erweiterungen verringern oder zumindest verzögern kann.

2.3 Stand der Technik – Inselnetzdetektion und Prüfverfahren

Im Zusammenhang mit elektrischen Inselnetzen sind insbesondere die Verfahren zur Detektion von ungewollten Inselnetzen von großer Bedeutung und werden im Folgenden vorgestellt. Außerdem wird das genormte Prüfverfahren zur Bewertung der Wirksamkeit der IDV dargestellt.

2.3.1 Inselnetzdetektionsverfahren

Es wurden in der Vergangenheit zahlreiche verschiedene IDV entwickelt [5, 6, 28], um ungewollte Inselnetze detektieren zu können. Diese lassen sich nach Bild 2-2 in aktive und passive Verfahren aufteilen. Ein grundlegender Entkupplungsschutz, der eine Spannungs- und Frequenzüberwachung beinhaltet, muss in allen DEA vorhanden sein und wird in Abschnitt 3.2 behandelt.

Passive Verfahren basieren häufig auf der Auswertung von Messgrößen und beeinflussen weder die Betriebsweise der DEA noch führen sie zu Veränderungen im elektrischen Netz. Auch auf Kommunikationstechnik basierende Verfahren zählen zu den passiven Verfahren, da notwendige Abschaltungen von Anlagen durchgeführt werden, ohne zuvor Spannung, Frequenz oder andere Netzgrößen aktiv zu verändern.

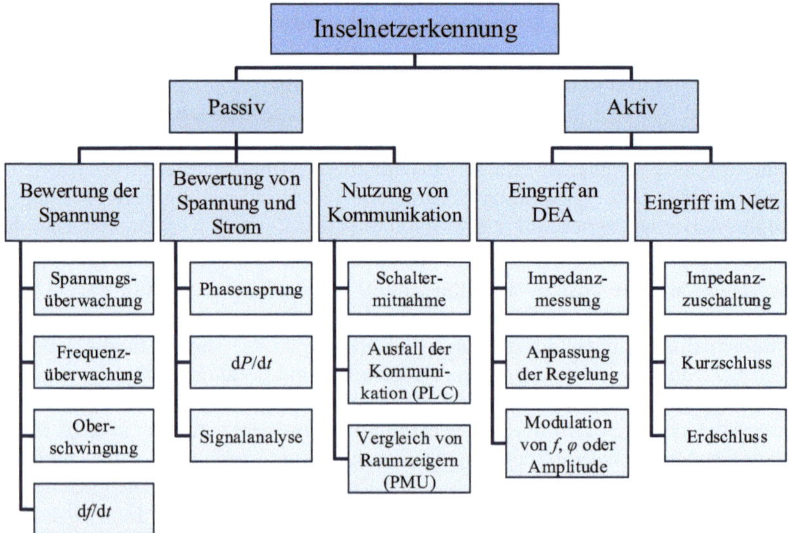

Bild 2-2: Schema der Detektionsverfahren zur Inselnetzerkennung, nach [29]

Aktive Verfahren hingegen erfordern entweder eine Anpassung der DEA-Regelung oder zusätzliche Betriebsmittel im elektrischen Netz. Verfahren, die in der DEA implementiert werden können, sind beispielsweise gezielte Änderungen der Phasenlage, Frequenz oder Amplitude des eingespeisten Stromes der DEA. Dies geschieht mit dem Ziel, Spannung oder Frequenz im Falle ungewollter Inselnetze so stark zu verändern, dass die Grenzwerte des Entkupplungsschutzes über- oder unterschritten werden, während im Verbundbetrieb nur eine geringe Beeinflussung bewirkt werden soll. Andere aktive Verfahren werten auch die Reaktion des Netzes auf eine veränderte Einspeisung der DEA, beispielsweise zusätzlich eingespeiste Oberschwingungen im Strom, aus.

Weitere Möglichkeiten der aktiven Detektion von Inselnetzen durch einen Eingriff in das elektrische Netz sind unter anderem die Impedanzzuschaltung, die das Leistungsgleichgewicht stören soll sowie das Einlegen von Kurz- oder Erdschlüssen, um die Abschaltung der DEA über Schutzeinrichtungen zu erreichen.

Realisierte Inselnetzdetektionsverfahren

In dieser Arbeit werden verschiedene IDV implementiert und analysiert. Diese werden im Folgenden aufgeführt. Die Wirkungsweise der genutzten IDV wird in Anhang A.1 näher erläutert.

Passive IDV beurteilen, wie beschrieben, die Unterscheidung zwischen Verbundbetrieb und Inselnetzbetrieb über die Auswertung von Messgrößen oder die Nutzung von Kommunikation. Als passive IDV werden

- Spannungs- und Frequenzschutz (DP_UFS), Wirkungsweise siehe A.1.1, und
- Phasensprung-Detektion (DP_PSD), Wirkungsweise siehe A.1.2,

untersucht. Als aktive IDV werden

- Frequenz-Shift (DA_FS), Wirkungsweise siehe A.1.3,
- Phasen-Shift (DA_PS), Wirkungsweise siehe A.1.4,
- $Q(f)$-Regelung (DA_QFR), Wirkungsweise siehe A.1.5,
- Modulation von $\cos\varphi$ / $\sin\varphi$ (DA_MPH), Wirkungsweise siehe A.1.6, und
- Impedanzzuschaltung (DA_IZ), Wirkungsweise siehe A.1.7,

in den Modellen umgesetzt.

Zwei weitere Verfahren zur sicheren und schnellen Inselnetzdetektion sind der Kurzschluss nach einer Netztrennung und die Nutzung von Kommunikationstechnik. Die beiden Konzepte werden jedoch in dieser Arbeit nicht näher analytisch untersucht. Die grundlegende Wirksamkeit ist, sofern kein Kommunikationsausfall auftritt, bei beiden Verfahren sehr gut. Kommunikationsbasierte IDV weisen jedoch sehr hohe Investitions- und Betriebskosten auf und können beim Ausfall der Kommunikation nicht mehr arbeiten, sodass es je nach Funktionsprinzip zu Über- oder Unterfunktionen kommen kann. Das Einschalten eines beabsichtigten Kurzschlusses nach einer Trennung vom vorgelagerten Netz hingegen stellt eine große Belastung für DEA und andere Betriebsmittel dar. Diese müssten in der Lage sein, bei jeder Trennung vom vorgelagerten Netz kurzzeitig auf einen Kurzschluss zu speisen. Obwohl alle Anlagen und Betriebsmittel dazu prinzipiell in der Lage sein sollten, kann die steigende Häufigkeit von Kurzschlüssen infolge der Kurzschlusseinschaltung nach einer Netztrennung zu einem schnelleren Verschleiß von Betriebsmitteln und Anlagen führen. Dieses Verfahren wird daher voraussichtlich nur in sehr kritischen Anwendungsfällen Gebrauch finden, bei denen eine sehr schnelle Detektion ungewollter Inselnetze unabdingbar ist.

2.3.2 Angewandte Prüfmethoden für Inselnetzdetektionsverfahren

Um die korrekte Funktionalität der IDV nachzuweisen, werden in der Norm EN 62116:2011 [23] Prüfverfahren definiert. Diese Norm basiert auf einer internationalen Norm [30], welche in nationale Normen überführt wurde. Die Norm bezieht sich vorrangig auf PV-Wechselrichter, kann aber prinzipiell mit leichten Anpassungen für alle Arten von DEA verwendet werden. In Bild 2-3 ist in der Norm angegebene Prüfschaltung abgebildet, wobei mit EUT (equipment under test) das zu testende Betriebsmittel bezeichnet wird.

Zur Nachbildung der PV wird eine Gleichstromquelle genutzt. Als in der Prüfung benötigte Wechselstromquelle kann entweder das Versorgungsnetz oder eine andere Wechselstromquelle mit vorgeschriebenen Toleranzen genutzt werden. Als Wechselstromlasten werden ein einstellbarer, nichtinduktiver Widerstand R, eine einstellbare, verlustarme Induktivität L und eine einstellbare Kapazität C mit geringem Anteil von Reihenwiderstand und -induktivität benötigt.

Die Messung von den in Bild 2-3 eingetragenen Größen U_{EUT}, I_{WR}, P_{EUT}, Q_{EUT}, I_{Netz}, P_{ac} und Q_{ac} muss möglich sein, wobei nur der netzfrequente Anteil betrachtet wird. Die Wellenform muss gemessen und gespeichert werden.

Um die Wirksamkeit der IDV einschätzen zu können, wird die Nachlaufzeit t_R erfasst, welche die Dauer von der Abschaltung der Wechselstromquelle bis zur Trennung der

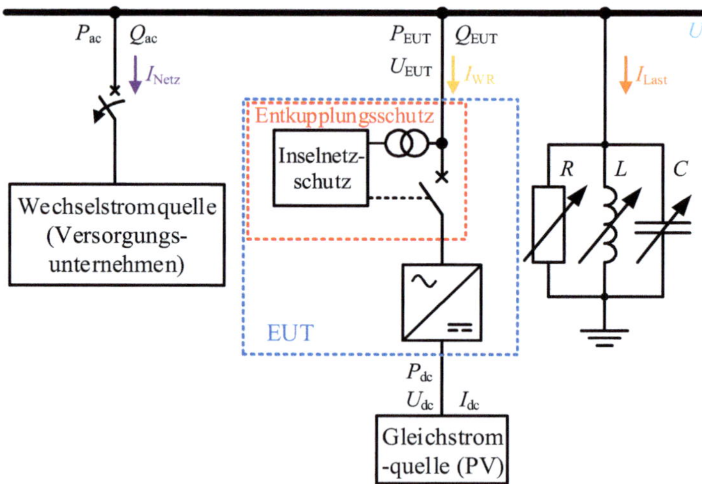

Bild 2-3: Prüfschaltung zur Untersuchung von IDV (nach [23])

EUT angibt. Die Nachlaufzeit ist damit für die Qualität der IDV von großer Bedeutung, da sich aus ihr ergibt, ob die Insel schnell genug abgeschaltet werden kann.

In der Prüfung werden L und C so eingestellt, dass sie bei 50 Hz Resonanz aufweisen und R an die Ausgangsleistung des Umrichters angepasst ist. Es müssen drei Betriebszustände der DEA untersucht werden:

- A: Höchstwert der Ausgangsleistung der DEA
- B: 50-60 % des Höchstwertes
- C: 25-33 % des Höchstwertes

Für jeden der drei Fälle muss P_{EUT} bestimmt und über eine Anpassung der PV-Kennlinie in der Gleichstromquelle eingestellt werden. Q_{EUT} soll dabei gemessen werden. Die Parallelschaltung aus R, L und C muss so eingestellt werden, dass sich mindestens ein Gütefaktor $G_{\mathrm{f}} = 1{,}0$ (in der Norm Q_{f}, wegen Ähnlichkeit der Größe zur Blindleistung hier G_{f}) des Parallelschwingkreises einstellt. Im Folgenden wird die Berechnung für den einphasigen Fall durchgeführt, das Prüfverfahren gilt aber analog für dreiphasig angeschlossene DEA. Da sich der notwendige Wirkwiderstand R über Gl. (2-1) ergibt und die Resonanzfrequenz $f_{\mathrm{res}} = 50$ Hz ist, können durch Verwendung der beiden Gln. (2-2) und (2-3) für Güte und Resonanzfrequenz die Gln. (2-4) und (2-5) entwickelt werden. Diese ermöglichen eine direkte Berechnung der einzustellenden Werte für Induktivität und Kapazität.

$$R = \frac{U_{\mathrm{n}}^2}{P_{\mathrm{EUT}}} \tag{2-1}$$

$$G_{\mathrm{f}} = R \cdot \sqrt{\frac{C}{L}} \tag{2-2}$$

$$f_{\mathrm{res}} = \frac{1}{2\pi\sqrt{LC}} \tag{2-3}$$

$$L = \frac{U_{\mathrm{n}}^2}{P_{\mathrm{EUT}} \cdot G_{\mathrm{f}} \cdot 2\pi f} \tag{2-4}$$

$$C = \frac{P_{\mathrm{EUT}} \cdot G_{\mathrm{f}}}{U_{\mathrm{n}}^2 \cdot 2\pi f} \tag{2-5}$$

Die Referenz-Blindleistung der beiden Elemente L und C ergibt sich mit Gl. (2-5).

$$Q_{\mathrm{n}} = U_{\mathrm{n}}^2 \cdot \omega C \tag{2-6}$$

Mit der eingestellten Last wird die DEA am Wechselspannungsnetz betrieben. Nach dem Abtrennen der Wechselspannungsquelle wird die Nachlaufzeit t_{R} erfasst, die bis zur Trennung der DEA vergeht.

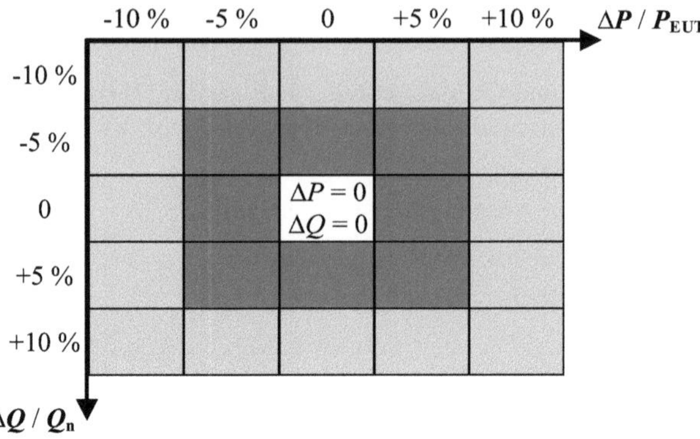

Bild 2-4: Wirk- und Blindleistungsbereich der zu untersuchenden Leistungsdifferenzen

Für Fall A muss die Prüfung für um -5 % und +5 % variierte Wirk- und Blindleistungen der elektrischen Last wiederholt werden, was in Bild 2-4 als dunkelgrau markierte Zellen dargestellt ist. Dabei kann wahlweise L oder C variiert werden. Sollte die Nachlaufzeit in einem dieser Fälle größer werden als sie im Bemessungspunkt ($\Delta P = 0$, $\Delta Q = 0$) war, so muss zusätzlich eine Prüfung im Bereich einer Leistungsvariation von -10 % und +10 % erfolgen. In Bild 2-4 sind diese Lastkombinationen hellgrau hinterlegt.

In den Fällen B und C muss die Wirkleistung nicht variiert werden ($\Delta P = 0$), es genügt die Variation der Blindleistungsdifferenz ΔQ von -5 % bis +5 %. in 1 %-Schritten. Nimmt die Nachlaufzeit an den 95 %- und 105 %-Punkten immer noch zu, so müssen weitere Prüfungen in 1 % Schritten erfolgen, bis t_{R} nicht mehr zunimmt.

Wenn alle gemessenen Nachlaufzeiten kleiner oder gleich 5 s sind, gilt die Prüfung als bestanden. Ein sehr ähnliches Prüfverfahren wird im IEEE Standard [30] vorgestellt. Während das Prinzip der Prüfung weitestgehend das Gleiche ist, wird hier eine Ausschaltung des Inselnetzes in nur 2 s gefordert.

2.4 Inselnetzbildung in einer Laborumgebung

Häufig werden ausschließlich über Wechselrichter versorgte Teilnetze als nicht inselnetzgefährdet eingeschätzt. Es wird dabei davon ausgegangen, dass Wechselrichter, die keine Regelung zum Führen von Spannung und Frequenz besitzen, bei einer Trennung vom Verbundnetz sofort instabil werden. Um diese weit verbreitete Annahme zu entkräften wurden Wechselrichter, die keine Inselnetzregelung besitzen, in einer Laborumgebung untersucht.

Im Labor wurde dazu mit einem einphasigen PV-Wechselrichter entsprechend Bild 2-5 eine Messschaltung aufgebaut, welche dem Prinzip des Prüfverfahrens in [23] entspricht. Die intern verwendeten IDV des Wechselrichters sind nicht bekannt. Es konnten ausgeglichene Lastkombinationen (hier mit $P_{\mathrm{R}} = 1{,}19\ \mathrm{kW}$ und $Q_{\mathrm{L}} = -Q_{\mathrm{C}} = 200\ \mathrm{var}$) gefunden werden, bei denen sich nach der Abschaltung der Netznachbildung ein ungewolltes Inselnetz zwischen Wechselrichter und elektrischer Last bildete, wie im Verlauf in Bild 2-6 zu erkennen ist. Die aufgetretene elektrische Insel wurde nach 10 min manuell abgeschaltet. Bei dem PV-Wechselrichter handelte es sich um ein handelsübliches

Gerät, welches nicht für einen Inselnetzbetrieb ausgelegt ist und in vielen privaten PV-Anlagen in der Niederspannung eingesetzt wird. Damit konnte gezeigt werden, dass die Bildung ungewollter Inselnetze in der Praxis auch ohne rotierende Massen und ohne explizit inselnetzfähige Wechselrichter stattfinden kann. Der Ausgleich der Wirk- und Blindleistungsbilanz erfolgt hierbei komplett durch den Selbstregeleffekt der elektrischen Last. In diesem Fall ist also die spannungs- und frequenzabhängige Leistungsaufnahme von R, L und C von großer Bedeutung.

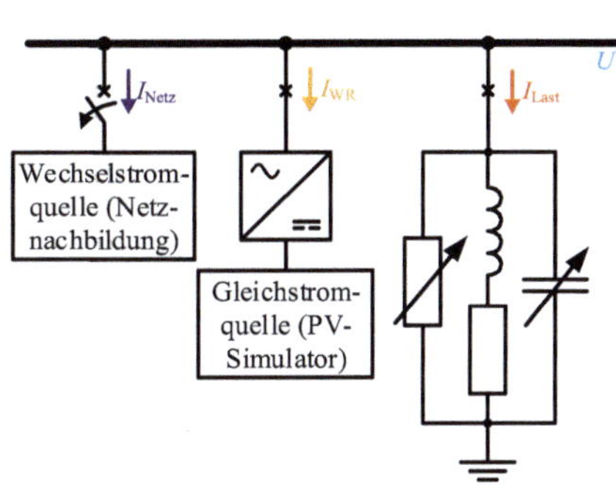

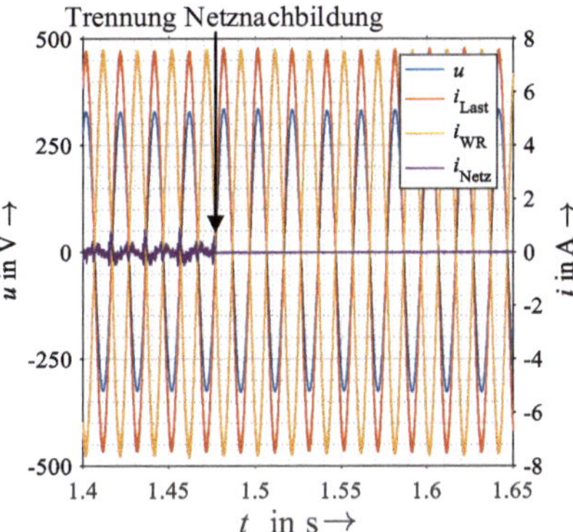

Bild 2-5: Messschaltung zur ungewollten Inselnetzbildung

Bild 2-6: Messung einer ungewollten Inselnetzbildung

2.5 Fazit zum Handlungsbedarf in Bezug auf ungewollte Inselnetze

Es wird offensichtlich, dass heutige Bewertungs- und Prüfverfahren nicht geeignet sind, die Gefahr einer undetektierten Inselnetzbildung unter allen Umständen auszuschließen. Die Reduzierung der elektrischen Last auf einen einfachen RLC-Parallelkreis bedeutet, dass ausschließlich eine sehr spezielle Last- und Erzeugerkombination betrachtet wird, die zudem im realen Netz äußerst selten in dieser Form auftritt. Somit ergibt sich Handlungsbedarf in verschiedenen Aspekten der ungewollten Inselnetze:

- Die real auftretenden Spannungs- und Frequenzabhängigkeiten der elektrischen Lasten müssen im Rahmen dieser Arbeit ermittelt werden.

- Die Übergangsvorgänge nach der Trennung eines Teilnetzes vom vorgelagerten Netz müssen mit dem realen Lastverhalten untersucht werden.

- Bislang werden ausschließlich Einzelanlagen geprüft, sodass Wechselwirkungen von dezentral installierten Anlagen und der Einfluss des elektrischen Netzes bislang nicht bewertet werden können. Die Wechselwirkungen mehrerer DEA und der entsprechenden IDV müssen an einem generischen Benchmark-Verteilnetz näher untersucht werden.

- Untersuchungen zum Einfluss der von allen DEA geforderten netzdienlichen Regelungen, die in Abschnitt 3.1 näher erläutert werden, wurden noch nicht durchgeführt. Auch in den Prüfverfahren werden diese Anforderungen nicht berücksichtigt. Diese können jedoch markante Einflüsse auf die Übergangsvorgänge zum ungewollten Inselnetz aufweisen und müssen ebenfalls analysiert und bewertet werden.

3 Modellierung dezentraler Erzeugungsanlagen

In dieser Arbeit werden unterschiedliche Arten von DEA berücksichtigt. Dabei genügt es nicht, die Anlagen als einfache Spannungs- oder Stromquelle nachzubilden. Stattdessen müssen neben den physikalischen Grundlagen sowohl die in den Anlagen verwendeten Regler als auch die Mechanismen zur Erbringung von Systemdienstleistungen berücksichtigt werden. In diesem Kapitel wird die Modellierung der DEA vorgestellt, die für realitätsnahe Simulationen der ungewollten Inselnetzbildung erforderlich sind.

3.1 Anforderungen an Erzeugungsanlagen zur Unterstützung des Verbundbetriebs

3.1.1 Frequenzabhängige Wirkleistungsreduktion

Wenn die Frequenz im Verbundnetz ansteigt, ist dies in der Regel ein Hinweis auf einen Leistungsüberschuss. Der Grund dafür ist die Beschleunigung der Kraftwerksgeneratoren nach Gl. (3-1), da im Falle eines Leistungsüberschusses das mechanische Drehmoment der Turbine M_m das bremsende elektrische Drehmoment M_e, welches aus der elektrischen Belastung resultiert, übersteigt. In Abhängigkeit von der Trägheit des Gesamtsystems führt dies zu einem Anstieg der Netzfrequenz.

$$M_\mathrm{m} - M_\mathrm{e} = J \frac{\mathrm{d}\omega}{\mathrm{d}t} \tag{3-1}$$

Um zur Stabilität des Gesamtsystems beizutragen, mussten sich DEA beim Überschreiten von 50,2 Hz daher vor dem Jahr 2012 vom Netz trennen [31]. Durch den großen Anteil an DEA an der Gesamtversorgung würde dieses Verhalten heute zur Destabilisierung führen. Die zeitgleiche Abschaltung aller DEA im Verbundnetz hätte ein Leistungsdefizit im Verbundnetz zur Folge, welches in vielen Versorgungsszenarien nicht schnell genug von am Netz verbleibenden, konventionellen Kraftwerken kompensiert werde könnte.

Aufgrund dieser auch als „50,2-Hz-Problematik" bezeichneten Situation wird in den aktuellen technischen Anschlussbestimmungen [18, 19] statt der vollständigen Trennung vom elektrischen Netz eine Verringerung der eingespeisten Wirkleistung ab 50,2 Hz gefordert. Auch Altanlagen ab 5 kW mussten entsprechend dieser neuen Anforderung nachgerüstet werden. Dieses Verhalten wird mit Gl. (3-2) beschrieben und bewirkt eine Reduzierung der Leistung um 40 % / Hz. Die Reduzierung bezieht sich dabei auf die Momentanleistung P_M zum Zeitpunkt der Überschreitung von 50,2 Hz. Es ergibt sich damit die Leistungskennlinie in Bild 3-1. Der Sollwert P_ref wird damit um ΔP_DEA angepasst. In den DEA-Modellen der Simulation wird das Ergebnis aus Gl. (3-2), wie in Bild 3-1 schematisch dargestellt, berücksichtigt.

$$\Delta P_\mathrm{DEA} = \begin{cases} 0 & f \leq 50{,}2\ \mathrm{Hz} \\ 20 \cdot P_\mathrm{M} \cdot \dfrac{50{,}2 - f/\mathrm{Hz}}{50} & f > 50{,}2\ \mathrm{Hz} \end{cases} \tag{3-2}$$

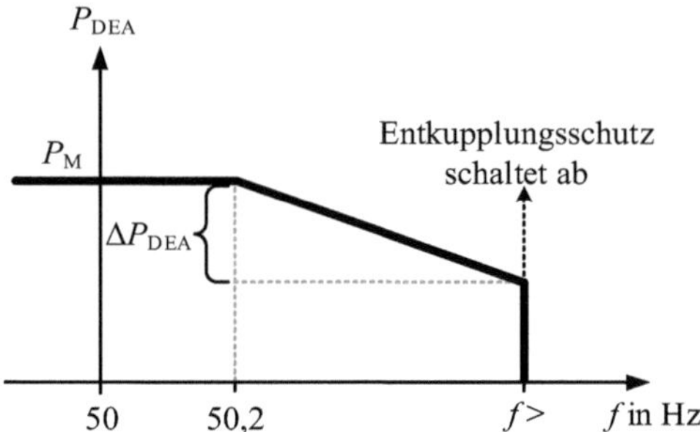

Bild 3-1: Schematische Darstellung der Wirkleistungsreduktion bei Überfrequenz

3.1.2 Statische Spannungsstützung durch Blindleistungsbereitstellung

Durch das Erneuerbare-Energien-Gesetz [32] erhalten die dargebotsabhängigen Einspeiser eine Vorrangstellung bei der Einspeisung von elektrischer Energie. In der Folge sinkt durch den zunehmenden Anteil von DEA im elektrischen Versorgungsnetz der Anteil konventioneller Großkraftwerke an der Gesamtenergieerzeugung. Diese müssen jedoch neben der reinen Energieerzeugung auch noch Systemdienstleistungen wie die Bereitstellung von Blindleistung absichern. Mit dem Wegfall von Großkraftwerken müssen daher auch diese betriebsrelevanten Systemdienstleistungen durch DEA übernommen werden. DEA müssen daher zur Unterstützung der statischen Spannungshaltung im Versorgungsnetz in der Lage sein, Blindleistung bereitzustellen oder aufzunehmen. Dabei werden die Betriebsbereiche häufig nach dem erregungsabhängigen Blindleistungsverhalten von Synchrongeneratoren bezeichnet:

- Übererregter Betrieb: Blindleistungsbereitstellung (wirkt wie Kapazität)
- Untererregter Betrieb: Blindleistungsaufnahme (wirkt wie Induktivität)

Für den einzuhaltenden Verschiebungsfaktor cos φ der DEA gelten, abhängig von der Spannungsebene und Größe der Erzeugungsanlage, die Vorgaben in Tabelle 3-1. Der Netzbetreiber darf dabei, außer bei den kleinsten Anlagen, eigene Vorgaben für die Blindleistung treffen. Auf die möglichen Kennlinien, die vorgegeben werden können, wird in Anhang A.2 näher eingegangen.

Tabelle 3-1:   Anforderungen zur Blindleistungsbereitstellung durch DEA

Spannungs-ebene	Installierte Leistung	cos φ	Vorgabe Kennlinie
NS	$\leq 3{,}68$ kVA	$0{,}95_{\text{übererregt}}$ bis $0{,}95_{\text{untererregt}}$	keine
NS	3,68 kVA bis 13,8 kVA	$0{,}95_{\text{übererregt}}$ bis $0{,}95_{\text{untererregt}}$	cos $\varphi(P)$ konst. cos φ
NS	$> 13{,}8$ kVA	$0{,}90_{\text{übererregt}}$ bis $0{,}90_{\text{untererregt}}$	cos $\varphi(P)$ konst. cos φ
MS	alle	$0{,}95_{\text{übererregt}}$ bis $0{,}95_{\text{untererregt}}$	cos $\varphi(P)$ konst. cos φ konst. Q $Q(U)$-Kennlinie

3.1.3 Dynamische Netzstützung

Durch die dynamische Netzstützung wird gewährleistet, dass Anlagen während eines Netzfehlers die Spannung stützen, indem sie weiterhin einen Blindstrom zur Verfügung stellen. Diese eingespeiste Blindleistung soll, wie in Bild 3-2 schematisch dargestellt, den Spannungstrichter, der infolge eines Kurzschlusses entsteht, vermindern.

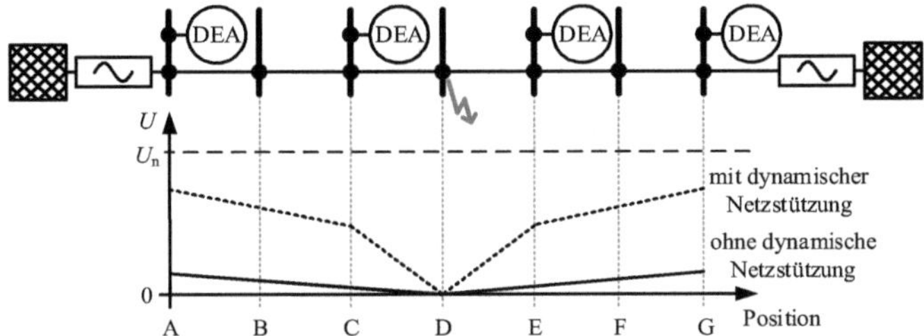

Bild 3-2: Schematisch dargestellter Spannungstrichter nach einem Netzfehler ohne und mit dynamischer Netzstützung

Durch die Verringerung der räumlichen Ausbreitung des Spannungstrichters soll die Auswirkung auf fehlerferne Bereiche verringert werden. Würden sich alle Anlagen bei einem kurzzeitigen Fehler sofort vom Netz trennen, so würde die Spannung in einem größeren Bereich des Netzes einbrechen und nach der Kurzschlussabschaltung ein Leistungsdefizit auftreten. Dies kann zum unselektiven Abschalten größerer Teilnetze führen, die nicht direkt durch den auslösenden Fehler betroffen sind. Wird die Spannung jedoch dynamisch gestützt, so kann nach der Beseitigung des Fehlers und der Wiederkehr der Spannung sofort eine Weiterversorgung erfolgen. Dieser Vorgang wird auch als fault ride through (FRT) bezeichnet.

Niederspannung

Im Niederspannungsnetz müssen DEA bislang keine dynamische Netzstützung durchführen und dürfen sich in einem Störungsfall sofort vom Netz trennen. Mit der nächsten Novellierung der VDE-AR-N 4105 [18] wird jedoch voraussichtlich auch für NS-Anlagen die Beteiligung an der dynamischen Netzstützung gefordert.

Mittelspannung

DEA im Mittelspannungsnetz müssen sich an der dynamischen Netzstützung beteiligen. Direkt am Netz angeschlossene Synchrongeneratoren gelten als Anlage vom Typ 1, alle anderen DEA gehören zur Kategorie Typ 2. Anlagen vom Typ 1 dürfen sich bei Spannungsverläufen oberhalb der roten Grenzlinie 1 in Bild 3-3 nicht vom Netz trennen. Als Bezugsspannung wird die mit dem Netzbetreiber vereinbarte Spannung U_c vorgegeben. Für Anlagen vom Typ 2 gelten die Grenzlinien 1 und 2 in Bild 3-3. Für Spannungseinbrüche oberhalb der Grenzlinie 1 muss die Anlage dabei generell am Netz bleiben und darf nicht instabil werden. Zwischen Grenzlinie 1 und Grenzlinie 2 müssen Fehler durchfahren werden können, wobei die Einspeisung eines Kurzschlussstromes mit dem Netzbetreiber abgesprochen wird. Für Spannungsverläufe unterhalb der Grenzlinie 2 darf die DEA eine kurzzeitige Trennung (KTE) durchführen. Unterhalb der blauen Kennlinie kann sich die DEA sofort vom Netz trennen.

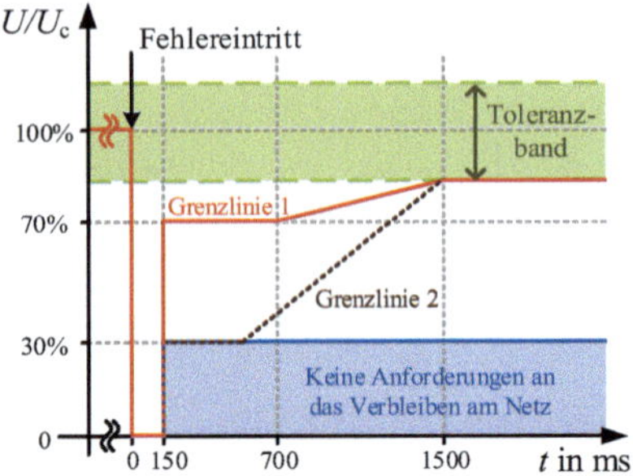

Bild 3-3: Grenzlinie des Spannungsverlaufs für DEA zur dynamischen Netzstützung, nach [19]

3.2 Anforderungen an Erzeugungsanlagen zur Verhinderung von Inselnetzen

Jede Anlage verfügt den technischen Richtlinien in Deutschland entsprechend [18, 19] über einen Entkupplungsschutz (ES). Dieser hat die Aufgabe die Anlage bei länger andauernden Verletzungen von Spannungs- oder Frequenzgrenzwerten vom Netz zu trennen. Die von den Anschlussrichtlinien vorgegebenen Einstellungen des ES sind in Tabelle 3-2 für MS und NS angegeben. Die dabei verwendeten Bezugsspannungen sind:

- U_n: sekundäre Wandlernennspannung
- U_c: vereinbarte Spannung im Mittelspannungsnetz
- U_{NS}: Spannung auf NS-Seite des Maschinentransformators der Erzeugungseinheit

Die Spannung U_{NS} ergibt sich dabei aus U_c und dem Übersetzungsverhältnis $\ddot{u}$ des Maschinentransformators über $U_{NS} = U_c / \ddot{u}$. In Bild 3-4 sind die möglichen Installationsorte von DEA in der MS dargestellt. Für DEA am Umspannwerk (UW) und im Netz gelten unterschiedliche empfohlene Einstellwerte. Besitzen mehrere DEA einen gemeinsamen Übergabepunkt (ÜP), so wird ein separater ES an den DEA und am ÜP gefordert. Ein Beispiel dafür wäre ein Windpark mit verteilten Windrädern.

Allgemein ist zu erkennen, dass die Abschaltzeiten im Fall einer Unterspannung durch den geforderten FRT in der Mittelspannung vergleichsweise groß sind.

Der ES ist bei allen DEA, die in der Simulation implementiert werden, nachgebildet und wirkt somit gleichzeitig als Basisschutz gegen ungewollte Inselnetze.

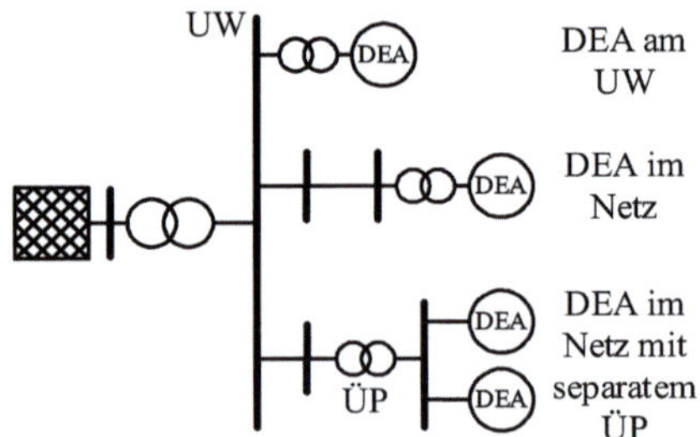

Bild 3-4: Installationsort der DEA

Tabelle 3-2: Einstellwerte für den Entkupplungsschutz

Netzebene	Installations-ort	Schutz	Einstellbereich	empfohlene Einstellwerte		mit AWE
				Wert	**Zeit**	**Zeit**
MS + NS	DEA	$f>$	50,0 - 52,0 Hz	51,5 Hz	$\leq$ 100 ms	
MS + NS	DEA	$f<$	47,5 - 50 Hz	47,5 Hz	$\leq$ 100 ms	
MS	ÜP	$U\gg$	1,00 - 1,30 U_n	1,15 U_c	$\leq$ 100 ms	
MS	ÜP	$U>$	1,00 - 1,30 U_n	1,08 U_c	1 min	
MS	ÜP	$U<$	0,10 - 1,00 U_n	0,80 U_c	2,7 s	
MS	ÜP	$Q_1\rightarrow$ & $U<$	0,70 - 1,00 U_n	0,85 U_c	0,5 s	
MS	DEA am UW	$U\gg$	1,00 - 1,30 U_n	1,20 U_NS	$\leq$ 100 ms	
MS	DEA am UW	$U<$	0,10 - 1,00 U_n	0,80 U_NS	1,5 - 2,4 s	
MS	DEA am UW	$U\ll$	0,10 - 1,00 U_n	0,45 U_NS	300 ms	
MS	DEA im Netz	$U\gg$	1,00 - 1,30 U_n	1,15 U_NS	$\leq$ 100 ms	$\leq$ 100 ms
MS	DEA im Netz	$U<$	0,10 - 1,00 U_n	0,80 U_NS	1 s	300 ms
MS	DEA im Netz	$U\ll$	0,10 - 1,00 U_n	0,45 U_NS	300 ms	$\leq$ 100 ms
NS	DEA	$U\gg$	1,15 U_n		$\leq$ 100 ms	
NS	DEA	$U>$	1,10 U_n (10 min Wert)		$\leq$ 100 ms	
NS	DEA	$U<$	0,80 U_n		$\leq$ 100 ms	

3.2.1 Über- und Unterfrequenzschutz

Die Frequenzschutzeinrichtung kann einphasig ausgeführt sein und die Frequenz der Spannung zwischen zwei Außenleitern (MS oder NS) oder zwischen einem Leiter und dem Neutralleiter (nur bei NS) bewerten.

3.2.2 Über- und Unterspannungsschutz

Spannungsschutz MS

Bei DEA in der Mittelspannungsebene müssen die notwendigen Spannungsschutzeinrichtungen grundsätzlich dreiphasig ausgeführt werden. Erfolgt die Messung MS-seitig, so muss die Außenleiterspannung erfasst werden. Bei Installation der Messwandler auf der Niederspannungsseite eines Maschinentransformators müssen bei der Schaltgruppe Dy jeweils die Spannung zwischen einem Außenleiter und dem Sternpunkt und bei der Schaltgruppe Yd die Spannungen zwischen zwei Außenleitern gemessen werden. Zur Bestimmung der Spannungswerte genügt die Messung des Halbschwingungs-Effektivwertes der 50-Hz-Grundschwingung. Dazu wird nach jeder halben Periode der Effektivwert einer ganzen Periode berechnet.

Bei dem zusätzlich geforderten Blindleistungs-Unterspannungsschutz $Q_{1\rightarrow}$ & $U<$ werden die Ansprechwerte logisch UND verknüpft. Die Zeitstufe startet erst dann, wenn alle drei Messspannungen die Spannungsgrenze unterschreiten und die DEA gleichzeitig Blindleistung aufnimmt. Die Blindleistung wird als Mitsystemgröße erfasst. Der Blindleistungs-Unterspannungsschutz soll vermeiden, dass die DEA den Wiederaufbau der Spannung nach einer Störung durch die Aufnahme von Blindleistung behindert.

Bei einer direkt am UW angeschlossenen DEA ist ein separater ES sowohl am ÜP als auch direkt an jeder Erzeugungseinheit zu installieren. Wird die DEA stattdessen im Netz angeschlossen so ist nur ein ES an der DEA notwendig. Am Übergabepunkt muss dann nur auf Verlangen des Netzbetreibers ein zusätzlicher ES eingebaut werden. Unter der Annahme von DEA im Mittelspannungsverteilnetz können demnach die Grenzwerte und Verzögerungszeiten in Tabelle 3-3 angenommen werden.

Tabelle 3-3: In dieser Arbeit eingestellte Spannungs- und Frequenzgrenzen und zugehörige Verzögerungszeiten

Schutz	Einstellwert	Zeit in ms
$f>$	51,5 Hz	40
$f<$	47,5 Hz	40
$U>$	1,15 U_c	40
$U<$	0,80 U_c	1500
$U<<$	0,45 U_c	300

Spannungsschutz NS

Beim Anschluss einer DEA im Niederspannungsnetz wird die Art der Spannungsschutzeinrichtung abhängig von der Leistung der DEA gefordert:

- $\leq$ 30 kVA: Überwachung der Spannung zwischen der Phase, in die eingespeist wird und dem Neutralleiter (bzw. PEN)

- > 30 kVA: dreiphasige Spannungsschutzeinrichtung zwischen Leiter und dem Neutralleiter (bzw. PEN), die verketteten Spannungen müssen entweder zusätzlich berechnet oder separat gemessen werden

Zur Erfassung der Spannungswerte genügt auch hier die Auswertung des Halbschwingungs-Effektivwertes der 50-Hz-Grundschwingung. Eine Ausnahme bildet der Überspannungsschutz $U>$, dessen zugehöriger Spannungswert als gleitender 10-Minuten-Mittelwert alle drei Sekunden gebildet werden muss.

3.3 Einspeisung über Wechselrichter

Der Hauptfokus der Untersuchungen liegt auf DEA, die über Wechselrichter an das elektrische Netz angeschlossen sind. Diese weisen in der Regel keine netzführenden Funktionen auf und regeln weder Spannung noch Frequenz an ihrem Anschlusspunkt auf festgelegte Sollgrößen aus. Stattdessen wird eine möglichst hohe finanzielle Vergütung angestrebt, indem die, je nach Verfügbarkeit der Primärenergiequelle, maximal mögliche Wirkleistung abgegeben wird. Diese Bezugsleistung wird im Folgenden als $P_{\text{DEA ref}}$ bezeichnet. Abhängig von den geltenden Anschlussrichtlinien und den Vorgaben des Netzbetreibers müssen viele Anlagen zusätzlich Blindleistung für die statische Spannungsstützung zur Verfügung stellen. Diese kann, wie in Abschnitt 3.1 beschrieben wird, sowohl als fester absoluter Wert, als auch in Form von Kennlinien wie $Q(U)$ oder $\cos \varphi(P)$ abgefordert werden [18, 19]. Für die folgenden Untersuchungen wird der Blindleistungsbezugswert $Q_{\text{DEA ref}}$ der DEA als konstant angenommen. Im betrachteten Zeitraum der Übergangsvorgänge (5 s) ist mit keiner Änderung des Sollwertes zu rechnen, da die Vorgaben der statischen Spannungsstützung gemäß der Richtlinien zur Vermeidung von Instabilitäten eine langsame Änderung im Minutenbereich vorsehen.

Der prinzipielle Aufbau ist am Beispiel von PV-Anlagen im Blockschaltbild in Bild 3-5 dargestellt (siehe auch [33]). Mit dem MPP-Tracker (MPP - Maximum Power Point) wird versucht, die maximal mögliche Wirkleistung aus den Solarzellen abzuführen. Dazu wird die Spannung U_{PV} nach verschiedenen Verfahren stetig in geringem Maße

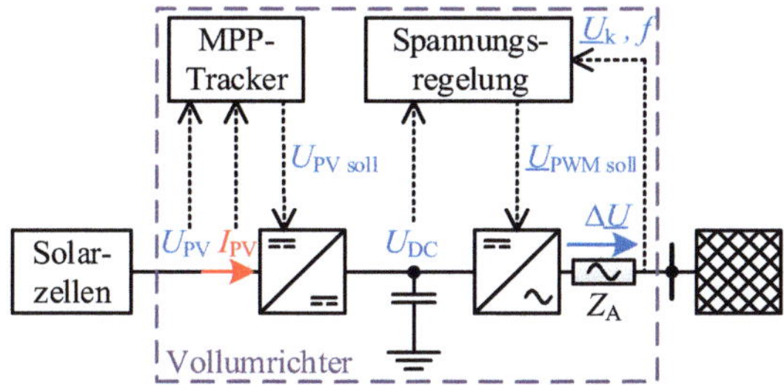

Bild 3-5: Blockschaltbild der grundlegenden Wirkungsweise einer PV-Anlage

variiert bis das globale Leistungsmaximum erreicht wird [34]. Diese Wirkleistung lädt einen Zwischenkreiskondensator auf. Andere mit Vollumrichtern ausgestattete DEA unterscheiden sich nur durch den Ladevorgang des Zwischenkreiskondensators. Windkraftanlagen (WKA), die über Vollumrichter in das elektrische Netz einspeisen, führen beispielsweise zunächst eine Gleichrichtung der erzeugten Wechselspannung durch.

Über einen Wechselrichter wird die Leistung aus dem Kondensator an das elektrische Netz abgegeben. Dafür wird je nach abzugebender Wirk- und Blindleistung eine Spannung $\underline{U}_{PWM\,soll}$ vorgegeben, die über Pulsweitenmodulation (PWM) im Wechselrichter generiert wird. Nimmt die Spannung U_{DC} im Zwischenkreis zu, so kann der Wechselrichter mehr Wirkleistung abgeben. Wird sie jedoch kleiner, so muss die abgegebene Leistung reduziert werden.

DEA sollen im Falle konstanter Bestrahlungsstärke (analog Windstärke u.ä.) eine konstante Wirkleistung $P_{DEA\,ref}$ abgeben. Gleichzeitig kann auch die Forderung zur Bereitstellung oder nach dem Bezug von Blindleistung auftreten, wodurch zusätzlich $Q_{DEA\,ref}$ erbracht oder aufgenommen werden muss. Der dafür notwendige Strom $\underline{I}_{DEA\,ref}$ ergibt sich mit dem einphasigen Ersatzschaltbild in Bild 3-6 aus Gl. (3-3). Abhängig von der Klemmenspannung $\underline{U}_k$ muss der Wechselrichter demnach als Stromquelle arbeiten.

$$\underline{I}_{DEA\,ref} = \frac{P_{DEA\,ref} - j \cdot Q_{DEA\,ref}}{\underline{U}_k^{\,*}} \qquad (3\text{-}3)$$

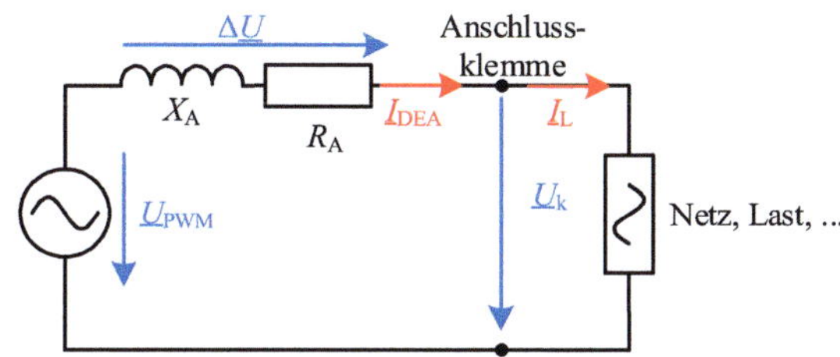

Bild 3-6: Einphasiges Ersatzschaltbild des Wechselrichters als gesteuerte Spannungsquelle am elektrischen Netz

Der tatsächlich abgegebene Strom des Wechselrichters ergibt sich nach Gl. (3-4) aus der Spannung $\Delta\underline{U}$, die über dem Anschlusswiderstand R_A und der Anschlussreaktanz X_A abfällt. Über den Maschensatz kann $\Delta\underline{U}$ durch $\underline{U}_{\text{PWM}}$ - $\underline{U}_k$ ersetzt werden.

$$\underline{I}_{\text{DEA}} = \frac{\Delta\underline{U}}{R_A + j \cdot X_A} = \frac{\underline{U}_{\text{PWM}} - \underline{U}_k}{R_A + j \cdot X_A} \tag{3-4}$$

Die Herausforderung der DEA liegt im Entwurf einer Regelung, die aus einem vorgegebenen Referenzstrom die erforderlichen Modulationssignale m_d und m_q der PWM ermittelt, da der Wechselrichter selbst als gesteuerte Spannungsquelle arbeitet [35].

Die heutige Wechselrichter-Technologie basiert im Wesentlichen auf der Nutzung von selbstgeführten IGBT-Schaltungen, mit denen eine PWM durchgeführt werden kann [36]. Dies ermöglicht große Freiheitsgrade beim Betrieb der Anlagen und lässt die Anpassung an unterschiedliche Anschlussbestimmungen und Anwendungsbereiche zu.

Die grundlegende Regelung, die in dieser Untersuchung genutzt wurde, ist in Bild 3-7 dargestellt und gibt die Standardvariante der Wechselrichterregelung wieder [10, 33, 36]. Es werden ausschließlich normierte Größen in p.u. dargestellt, dies wird durch Verwendung kleiner Buchstaben gekennzeichnet. Die Regelung erfolgt in dq-Komponenten. Dazu müssen die gemessenen Größen (Klemmenspannung u_k und Laststrom i_L) über die Clarke-Transformation in Gl. (3-5) zunächst in αβ-Komponenten und anschließend mit der Park-Transformation aus Gl. (3-6) in dq-Komponenten überführt werden (analog für i_L). Die Übertragung in ein rotierendes Koordinatensystem mit dem aktuellen Phasenwinkel der Klemmenspannung führt dazu, dass die Wechselgrößen in Gleichgrößen transformiert werden. Dies hat den Vorteil, dass eine vereinfachte Regelung für Gleichgrößen genutzt werden kann. Die direkte Regelung von Wechselgrößen im Umrichter würde erheblich aufwendigere Reglerstrukturen erfordern [36].

$$\begin{bmatrix} u_{\alpha k} \\ u_{\beta k} \end{bmatrix} = \frac{2}{3} \begin{bmatrix} 1 & -\frac{1}{2} & -\frac{1}{2} \\ 0 & \frac{\sqrt{3}}{2} & -\frac{\sqrt{3}}{2} \end{bmatrix} \begin{bmatrix} u_{a k} \\ u_{b k} \\ u_{c k} \end{bmatrix} \tag{3-5}$$

$$\begin{bmatrix} u_{d k} \\ u_{q k} \end{bmatrix} = \begin{bmatrix} \cos\varphi_{\text{ref}} & \sin\varphi_{\text{ref}} \\ -\sin\varphi_{\text{ref}} & \cos\varphi_{\text{ref}} \end{bmatrix} \begin{bmatrix} u_{\alpha k} \\ u_{\beta k} \end{bmatrix} \tag{3-6}$$

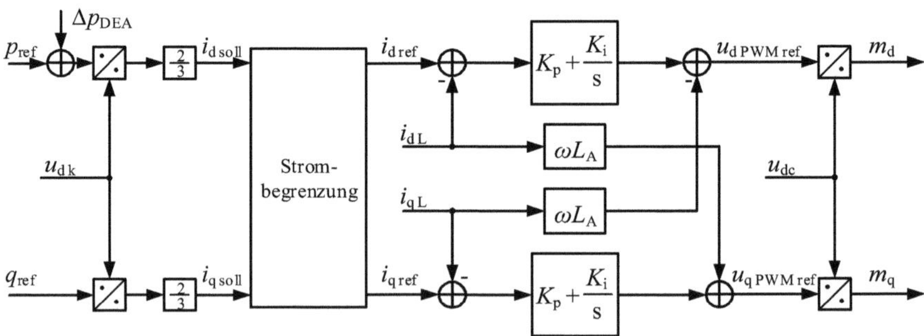

Bild 3-7: Reglerstruktur der Wechselrichter

Die erforderlichen Sollströme $i_{\mathrm{d\,soll}}$ für die Wirkleistung und $i_{\mathrm{q\,soll}}$ für die Blindleistung werden durch Division mit der Spannung an den Anschlussklemmen $u_{\mathrm{d\,k}}$ berechnet. Die q-Komponente der Spannung $u_{\mathrm{q\,k}}$ wird durch eine phase-locked loop (PLL, übersetzt Phasenregelschleife) zu Null abgestimmt [37]. Damit gilt allgemein nach den Gln. (3-7) und (3-8) der Zusammenhang $p \sim i_{\mathrm{d}}$ und $q \sim i_{\mathrm{q}}$.

$$p = \frac{3}{2}\left(u_{\mathrm{d\,k}} \cdot i_{\mathrm{d\,L}} + u_{\mathrm{q\,k}} \cdot i_{\mathrm{q\,L}}\right) \quad = \quad \frac{3}{2} \cdot u_{\mathrm{d\,k}} \cdot i_{\mathrm{d\,L}} \tag{3-7}$$

$$u_{\mathrm{q\,k}} \approx 0$$

$$q = \frac{3}{2}\left(-u_{\mathrm{d\,k}} \cdot i_{\mathrm{q\,L}} + u_{\mathrm{q\,k}} \cdot i_{\mathrm{d\,L}}\right) \quad = \quad -\frac{3}{2} \cdot u_{\mathrm{d\,k}} \cdot i_{\mathrm{q\,L}} \tag{3-8}$$

Die Sollströme können demnach mit den Gln. (3-9) und (3-10) aus den Referenzleistungen bestimmt werden. Dabei wird die Referenz-Wirkleistung bei Frequenzen über 50,2 Hz um die Anforderungen der $P(f)$-Vorgabe aus Abschnitt 3.1.1 angepasst.

$$i_{\mathrm{d\,L\,soll}} = \frac{2}{3} \cdot \frac{p_{\mathrm{ref}} + \Delta p_{\mathrm{DEA}}}{u_{\mathrm{d\,k}}} \tag{3-9}$$

$$i_{\mathrm{q\,L\,soll}} = -\frac{2}{3} \cdot \frac{q_{\mathrm{ref}}}{u_{\mathrm{d\,k}}} \tag{3-10}$$

Die berechneten Sollströme müssen eine Strombegrenzung durchlaufen, die verhindert, dass der Wechselrichter mehr als seinen Nennstrom einspeist, da ihn dies thermisch überlasten würde. Messungen an realen Umrichtern zur Strombegrenzung werden in Anhang A.3 vorgestellt. Wird der maximal zulässige Betriebsstrom erreicht, muss bei einem weiteren Anstieg des Sollstromes eine von drei Varianten umgesetzt werden:

- Maximierung von p durch Begrenzen von i_{q}
- Maximierung von q durch Begrenzen von i_{d}
- Beibehaltung des Leistungswinkels durch gleichmäßiges Begrenzen von i_{d} und i_{q}

Die Stromregelung erfolgt über einen PI-Regler für den d- und den q-Zweig des Stromes. Die über die Anschlussreaktanz X_{A} auftretende Verkopplung der d- und q-Zweige wird durch eine Entkopplung über ωL-Querzweige kompensiert, wie in Anhang A.4 dargestellt wird. Nach einer Normierung auf die DC-Spannung u_{dc} des Zwischenkreises nach den Gln. (3-11) und (3-12) können die Modulationssignale m_{d} und m_{q} für die PWM bestimmt werden.

$$m_{\mathrm{d}} = \frac{u_{\mathrm{d\,PWM\,ref}}}{u_{\mathrm{dc}}} \tag{3-11}$$

$$m_{\mathrm{q}} = \frac{u_{\mathrm{q\,PWM\,ref}}}{u_{\mathrm{dc}}} \tag{3-12}$$

Aus den Ausgängen der Regelung m_{d} und m_{q} können über die Gln. (3-13) bis (3-15) der Modulationsindex m_{i} sowie die Modulationswinkel $\cos \varphi_{\mathrm{PWM}}$ und $\sin \varphi_{\mathrm{PWM}}$ bestimmt werden.

$$m_{\mathrm{i}} = \sqrt{m_{\mathrm{d}}^{2} + m_{\mathrm{q}}^{2}} \tag{3-13}$$

$$\cos \varphi_{\mathrm{PWM}} = \frac{m_{\mathrm{d}} \cdot \cos \varphi_{\mathrm{ref}} - m_{\mathrm{q}} \sin \varphi_{\mathrm{ref}}}{m_{\mathrm{i}}} \qquad (3\text{-}14)$$

$$\sin \varphi_{\mathrm{PWM}} = \frac{m_{\mathrm{d}} \cdot \sin \varphi_{\mathrm{ref}} + m_{\mathrm{q}} \cdot \cos \varphi_{\mathrm{ref}}}{m_{\mathrm{i}}} \qquad (3\text{-}15)$$

Mit diesen Größen kann über die PWM schließlich nach Gl. (3-16) die Wechselspannung $\underline{U}_{\mathrm{PWM}}$ aus Bild 3-6 erzeugt werden. Der Faktor K_0 hängt von der Modulationsart der PWM ab. Für die gebräuchliche Sinus-Modulation berechnet sich der Faktor mit Gl. (3-17). Die Spannung $U_{\mathrm{DC}\,0}$ entspricht der Zwischenkreisspannung U_{DC} abzüglich des Spannungsabfalls über den Ventilen des Wechselrichters.

$$\underline{U}_{\mathrm{PWM}} = K_0 \cdot m_{\mathrm{i}} \cdot U_{\mathrm{DC}\,0} \cdot (\cos \varphi_{\mathrm{PWM}} + \mathrm{j} \sin \varphi_{\mathrm{PWM}}) \qquad (3\text{-}16)$$

$$K_0 = \frac{\sqrt{3}}{2\sqrt{2}} \qquad (3\text{-}17)$$

Es ergibt sich damit insgesamt das schematische Modell in Bild 3-8, in dem auch der ES aus Abschnitt 3.2 eingezeichnet ist. Im Folgenden wird diese Art der Erzeugungsanlage als G_WR (Einspeisung über Wechselrichter) bezeichnet.

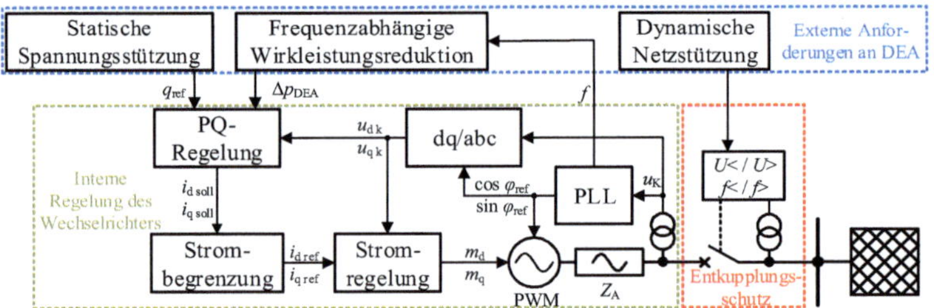

Bild 3-8: DEA-Modell von über Wechselrichter angeschlossenen Erzeugungsanlagen

3.4 Einspeisung über Generatoren

Neben DEA, die über Vollumrichter an das Netz angeschlossen sind, gibt es im Verteilnetz auch einen geringeren Anteil an direkt angeschlossenen Synchron- und Asynchrongeneratoren (G_SG und G_ASG). Diese sind zumeist Teil von Mini- oder Mikro-Blockheizkraftwerken (BHKW) oder älterer WKA. Der Einfluss von DEA mit rotierenden Massen im Inselnetz kann sowohl mit G_SG als auch G_ASG untersucht werden. In dieser Arbeit wurde G_ASG für Untersuchungen in Inselnetzen mit rotierenden Massen gewählt. In Deutschland stellt G_ASG insbesondere bei nicht über Vollumrichter angeschlossenen WKA sowie Mikro-BHKWs den dominierenden Typ dar (45 % bei WKA [38]). Mit G_SG sind jedoch ähnliche Ergebnisse wie mit G_ASG zu erwarten.

3.4.1 Generatormodell

Die Raumzeiger-Spannungsgleichungen eines Asynchrongenerators mit Kurzschlussläufer können in rotierenden Koordinaten mit den Gln. (3-18) und (3-19) angegeben werden [39]. Der Index S weist dabei auf Stator- und der Index R auf Rotorvariablen hin. Die Rotorimpedanzen werden durch Multiplikation mit der Gegeninduktivität M_{RS} und die Spannungen und Ströme über die Übersetzungsverhältnisse $\ddot{u}_{\mathrm{U}}$ und $\ddot{u}_{\mathrm{I}}$ in das

Statorsystem überführt [40], was durch einen Apostroph gekennzeichnet wird. Das elektrische Ersatzschaltbild ist in Bild 3-9 dargestellt.

$$\underline{u}_S = R_S \cdot \underline{i}_S + \frac{d\underline{\psi}_S}{dt} + j\omega_S \cdot \underline{\psi}_S \tag{3-18}$$

$$0 = R_R' \cdot \underline{i}_R' + \frac{d\underline{\psi}_R}{dt} + j(\omega_S - \omega_R) \cdot \underline{\psi}_R \tag{3-19}$$

Die magnetischen Flüsse von Stator und Rotor $\underline{\psi}_S$ und $\underline{\psi}_R$ ergeben sich aus den Gln. (3-20) und (3-21).

$$\underline{\psi}_S = (L_{S\sigma} + L_h) \cdot \underline{i}_S + L_h \cdot \underline{i}_R' \tag{3-20}$$

$$\underline{\psi}_R = (L_{R\sigma}' + L_h) \cdot \underline{i}_R' + L_h \cdot \underline{i}_S \tag{3-21}$$

Als Zustandsgrößen werden im Generatormodell der Rotorfluss und der Ständerstrom verwendet. Mit den nach $\underline{\psi}_S$ aufgelösten Gln. (3-20) und (3-21) kann der Statorfluss durch Gl. (3-22) ersetzt werden, sodass sich die Statorspannung mit Gl. (3-23) in Abhängigkeit von $\underline{\psi}_R$ und $\underline{i}_S$ ergibt.

$$\underline{\psi}_S = \frac{L_h}{L_{R\sigma}' + L_h}\underline{\psi}_R + \underline{i}_S \cdot L_{S\sigma} \tag{3-22}$$

$$\underline{u}_S = R_S \cdot \underline{i}_S + j\omega_S L_{S\sigma} \cdot \underline{i}_S + j\omega_S \frac{L_h}{L_{R\sigma}' + L_h}\underline{\psi}_R + L_{S\sigma} \cdot \frac{d\underline{i}_S}{dt} + \frac{L_h}{L_{R\sigma}' + L_h}\frac{d\underline{\psi}_R}{dt} \tag{3-23}$$

Die Trägheit des gesamten Systems J_m (Generator, Welle, Turbine, Flügel der WKA usw.) wird in der Bewegungsgleichung (3-24) berücksichtigt, wobei ω_R die mechanische Rotorgeschwindigkeit, M_e das elektrische Drehmoment und M_m das mechanische Drehmoment darstellen. Das mechanische Drehmoment ergibt sich dabei aus der zur Verfügung gestellten Turbinenleistung und der Rotorgeschwindigkeit in Gl. (3-25).

$$J_m \cdot \frac{d\omega_R}{dt} = M_m - M_e \tag{3-24}$$

$$M_m = \frac{P_{turb}}{\omega_R} \tag{3-25}$$

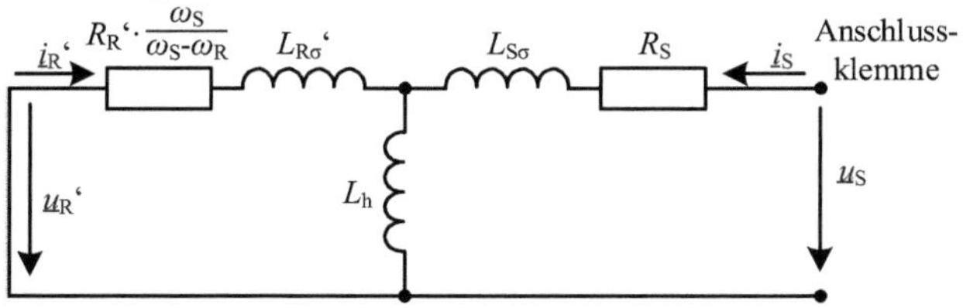

Bild 3-9: Elektrisches Ersatzschaltbild des Asynchrongenerators

3.4.2 Generatorregelung

Im Verteilnetz angeschlossene DEA mit direkt angeschlossenen Asynchrongeneratoren weisen keine netzführenden Eigenschaften auf und regeln damit weder Spannung noch Frequenz auf Sollwerte aus. Vielmehr arbeiten die Anlagen nach einem extern generierten Fahrplan und speisen die geforderte Wirkleistung P_{ref}, welche durch die Turbine bereitgestellt wird, abzüglich der internen Verluste ein, wie in Bild 3-10 dargestellt wird. Der Blindleistungsbedarf der meist als Kurzschlussläufer ausgeführten Generatoren wird entweder durch lokale Kompensationsanlagen oder durch das elektrische Netz gedeckt. Die $P(f)$-Vorgabe muss jedoch auch von diesem DEA-Typ erfüllt werden. Dementsprechend wird beim Überschreiten der 50,2-Hz-Grenze die Antriebsleistung um 40 % / Hz nach Gl. .(3-2) gedrosselt. Der ES ist auch in diesem Modell auf die in Abschnitt 3.2 vorgestellte Weise implementiert.

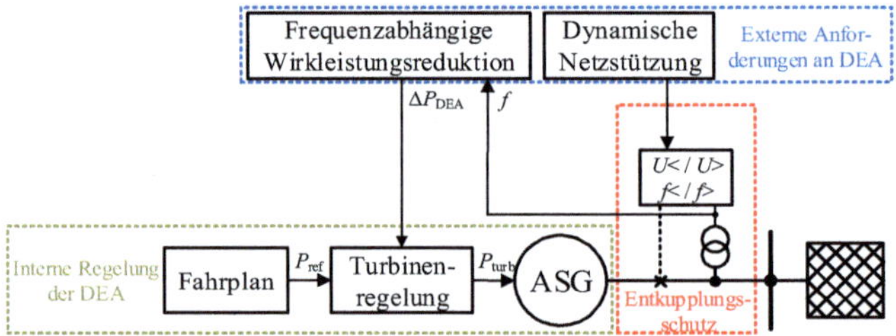

Bild 3-10: DEA-Modell mit direkt angeschlossenen Asynchrongeneratoren

3.5 Fazit zur Modellierung der Erzeugungsanlagen

Bei der Nachbildung der zu untersuchenden DEA zeigte sich, dass die Anlagen aufgrund der aktuellen technischen Anschlussrichtlinien neben der reinen Wirkleistungseinspeisung verschiedene Systemdienstleistungen erfüllen müssen. Durch Bereitstellung von Blindleistung wird eine statische Spannungsstützung gefordert und aufgrund der durchzuführenden FRT beteiligen sich die DEA auch an der dynamischen Spannungsstützung. Auch die Systemstabilität muss durch die Wirkleistungsreduzierung bei Überfrequenz unterstützt werden. Nach dem neuen Netzkodex für Erzeugungsanlagen [41] wird in Zukunft auch die Möglichkeit bestehen, Reserveleistung bereit zu halten, die bei Unterfrequenz zur Anhebung der Wirkleistungseinspeisung herangezogen werden kann. Diese Anforderung wird durch den Wegfall großer Kraftwerke zu einer weiteren erforderlichen Systemdienstleitung.

Es zeigt sich daher bereits an dieser Stelle, dass viele DEA im Verteilnetz das Potenzial zur Netzstützung und damit auch das Potenzial der Unterstützung einer ungewollten Inselnetzbildung aufweisen.

4 Modellierung elektrischer Lasten

In ungewollten Inselnetzen treten wesentlich größere Spannungs- und Frequenzänderungen als im Betrieb mit dem Verbundnetz auf. Die meisten elektrischen Lasten (EL) weisen ein spannungs- und frequenzabhängiges Verhalten auf, welches zu Änderungen in der Wirk- und Blindleistungsaufnahme der einzelnen EL und somit des gesamten Netzes führt. Dieses Verhalten kann in ähnlicher Weise wie die Statik von Kraftwerken zu einem Selbstregeleffekt der EL führen. Beispielsweise nimmt eine ohmsche Last am Ende einer Leitung mit sinkender Spannung weniger Wirkleistung auf, wodurch auch der von dieser Last aufgenommene Strom abnimmt. Dies führt in der Folge zu einer Verringerung des Spannungsabfalls über der Leitung und wirkt dem Absinken der Spannung entgegen.

Bereits dieses einfache Beispiel zeigt, dass die exakte Modellierung von EL in Simulationen von ungewollten Inselnetzen für die Analyse der Systemstabilität von großer Bedeutung ist. Im Folgenden werden drei verschiedene Ansätze präsentiert, mit denen EL nachgebildet werden können:

- L_RLC: Eine Parallelschaltung aus Widerstand, Induktivität und Kapazität
- L_RL: Eine Parallelschaltung aus Widerstand und Induktivität
- L_REA: Ein neues Lastmodell, das auf Messungen im realen Netz basiert

4.1 Modellierung mit R, L und C

In den meisten Studien zu ungewollten Inselnetzen und auch den Prüfmethoden (siehe Abschnitt 2.3.2) wird als EL eine Parallelschaltung der Elemente R, L und C angenommen, im Folgenden als L_RLC bezeichnet. Dadurch wird ein Parallelschwingkreis gebildet, in dem R die Dämpfung und L sowie C die Energiespeicher darstellen. L und C sind damit die Grundlage zum Aufbau eines schwingungsfähigen Systems. Für die in den Prüfmethoden genutzte Parallelschaltung ergibt sich die gesamte Impedanz $\underline{Z}_{\mathrm{RLC}}$ in Gl. (4-1) und die Resonanzfrequenz f_{res} in Gl. (4-2)

$$\underline{Z}_{\mathrm{RLC}} = \frac{1}{\frac{1}{R} + \mathrm{j}\left(\omega C - \frac{1}{\omega L}\right)} \tag{4-1}$$

$$f_{\mathrm{res}} = \frac{1}{2\pi\sqrt{LC}} \tag{4-2}$$

Die Leistungsaufnahme von L_RLC in Abhängigkeit von Spannung und Frequenz kann analytisch mit den Gln. (4-3) und (4-4) dargestellt werden. Die Herleitung dazu erfolgt in Anhang A.5. Die Referenzwerte P_0 und Q_0 stellen dabei die Leistungen, die von der Last für die Bezugswerte f_0 und U_0 aufgenommen werden, dar.

$$P_{\mathrm{RLC}}(U) = P_0 \cdot \left(\frac{U}{U_0}\right)^2 \tag{4-3}$$

$$Q_{\mathrm{RLC}}(U,f) = Q_0 \cdot \left(\frac{U}{U_0}\right)^2 \cdot \frac{f_0 - 4\pi^2 \cdot f^2 \cdot f_0 \cdot LC}{f - 4\pi^2 \cdot f \cdot f_0^2 \cdot LC} \tag{4-4}$$

Güte

Einen wesentlichen Einfluss auf das Verhalten eines solchen Schwingkreises hat der Gütefaktor G_f. Dieser ergibt sich nach Gl. (4-5) aus der zu Beginn einer Schwingungsperiode gespeicherten Energie W im Verhältnis zu der Energie V, die innerhalb einer Schwingungsperiode in thermische Energie übergeht [42].

$$G_\mathrm{f} = 2\pi\,\frac{W}{V} \tag{4-5}$$

Unter Annahme einer sinusförmigen Schwingung berechnen sich V_RLC im RLC-Parallelkreis mit Gl. (4-6) und W_RLC mit Gl. (4-7).

$$V_\mathrm{RLC} = \frac{U^2}{R} \cdot T = \frac{U^2}{R} \cdot \frac{1}{f} \tag{4-6}$$

$$W_\mathrm{RLC} = \frac{C}{2} \cdot \hat{u}^2 = C \cdot U^2 \tag{4-7}$$

Der Gütefaktor berechnet sich demnach über Gl. (4-8). Setzt man als Frequenz die Resonanzfrequenz ein, so ergibt sich die Güte in Abhängigkeit von R, L und C in Gl. (4-9)

$$G_\mathrm{f} = 2\pi f \cdot CR \tag{4-8}$$

$$G_\mathrm{f} = R\sqrt{\frac{C}{L}} \tag{4-9}$$

Die Elemente in Gl. (4-9) können durch die zugehörigen Wirk- und Blindleistungen aus den Gln. (4-10) bis (4-12) ersetzt werden, sodass sich G_f mit Gl. (4-13) unabhängig von Spannung und Frequenz direkt aus den Leistungen der einzelnen Elemente berechnen lässt.

$$R = \frac{U^2}{P_\mathrm{R}} \tag{4-10}$$

$$L = \frac{U^2}{\omega Q_\mathrm{L}} \tag{4-11}$$

$$C = \frac{Q_\mathrm{C}}{U^2\omega} \tag{4-12}$$

$$G_\mathrm{f} = \frac{U^2}{P_\mathrm{R}}\sqrt{\frac{Q_\mathrm{C} \cdot Q_\mathrm{L}}{U^4}} = \sqrt{\frac{Q_\mathrm{C} \cdot Q_\mathrm{L}}{P_\mathrm{R}^2}} \tag{4-13}$$

Wenn die Resonanzfrequenz von L und C gerade $f_\mathrm{res} = 50$ Hz beträgt, so ergibt sich für die Elemente $Q_\mathrm{L} = Q_\mathrm{C}$ im Normalbetrieb und damit eine ausgeglichene Blindleistungsbilanz. Die Güte kann dann mit Gl. (4-14) vereinfacht berechnet werden.

$$G_\mathrm{f} = \frac{Q_\mathrm{L}}{P_\mathrm{R}} \quad \text{für } f_{res} = 50\,Hz \tag{4-14}$$

Betrachtet man zunächst nur die Elemente R und L, so kann der Winkel φ_{RL} zwischen der Scheinleistung S_{RL} und der Wirkleistung P_{R} mit Gl. (4-15) dargestellt werden. Somit können die Gln. (4-14) und (4-15) zu Gl. (4-16) kombiniert werden.

$$\tan \varphi_{\mathrm{RL}} = \frac{Q_{\mathrm{L}}}{P_{\mathrm{R}}} \tag{4-15}$$

$$G_{\mathrm{f}} = \tan \varphi_{\mathrm{RL}} \tag{4-16}$$

Für EL ist es oftmals üblich einen Leistungsfaktor $\cos \varphi$ vorzugeben. Im Allgemeinen liegt dieser im Bereich 0,90-1,00 [43], unter anderem weil viele Netzbetreiber bei kleineren Werten zusätzliche Kompensationsanlagen fordern oder sich zusätzlich bereitzustellende Blindleistung vergüten lassen. Stellt man nun den Gütefaktor in Abhängigkeit von einem Leistungsfaktor $\cos \varphi_{\mathrm{RL}}$ dar, der in diesem Fall aber nur den Leistungsfaktor zwischen R und L wiedergibt, so ergibt sich der Gütefaktor mit Gl. (4-17).

$$G_{\mathrm{f}} = \tan(\arccos(\cos \varphi_{\mathrm{RL}})) \tag{4-17}$$

Für Lasten mit $\cos \varphi_{\mathrm{RL}} = 0{,}95$ ergibt sich damit ein Gütefaktor von $G_{\mathrm{f}} = 0{,}33$. Reale RLC-Lastanordnungen weisen damit eine geringe Güte auf.

Der Gütefaktor ist ein Maß für die Schärfe der Resonanz, was in der Berechnung der Bandbreite B in Gl. (4-18) berücksichtigt wird.

$$B = \frac{f_{\mathrm{res}}}{G_{\mathrm{f}}} \tag{4-18}$$

Je größer der Gütefaktor, desto kleiner ist die Bandbreite und desto enger liegen die Frequenzgrenzen um den Resonanzpunkt. Ein hoher Gütefaktor führt dazu, dass ein System, welches angeregt wird, vorzugsweise mit f_{res} schwingt. Wird diese Anregung, und damit die erzwungene Schwingung, nicht durch ein annähernd starres Netz vorgegeben, so wird sich in einem Inselnetz die Frequenz der Spannung entsprechend der Resonanzfrequenz des Schwingkreises einstellen.

4.2 Modellierung mit R und L

Die zweite Modellierung befasst sich mit dem Fall, dass im elektrischen Netz ohmsch-induktive Verbraucher dominieren. Deswegen wird in der zweiten modellierten Last nicht mehr von einer RLC-, sondern von einer RL-Parallelschaltung ausgegangen und diese wird als L_RL bezeichnet. L_RL weist keine Resonanzfrequenz auf. Der Blindleistungsbedarf muss demnach stets vom elektrischen Netz oder von DEA abgedeckt werden.

Wie bereits bei L_RLC kann die Leistungsaufnahme von L_RL in Abhängigkeit von Spannung und Frequenz mit den Gln. (4-19) und (4-20) angegeben werden.

$$P_{\mathrm{RL}}(U) = P_0 \cdot \left(\frac{U}{U_0}\right)^2 \tag{4-19}$$

$$Q_{\mathrm{RL}}(U,f) = Q_0 \cdot \left(\frac{U}{U_0}\right)^2 \cdot \left(\frac{f_0}{f}\right) \tag{4-20}$$

4.3 Modellierung der realen elektrischen Last von Ortsnetzen

Im elektrischen Versorgungsnetz sind heutzutage zahlreiche elektrische Geräte über Schaltnetzteile und andere leistungselektronische Stellglieder angeschlossen. Zusammen mit der flächendeckenden Einführung von LED- und Energiesparlampen und weiteren Entwicklungen hat sich die Lastzusammensetzung in den letzten Jahren in starkem Maße gewandelt. Insbesondere durch die Zunahme des Anteils leistungselektronischer Lasten wird eine Verringerung des Selbstregeleffekts erwartet, da diese Geräte unabhängig von Spannung und Frequenz die gleiche Wirkleistung beziehen, was unter anderem in [14] untersucht wurde.

Es existieren zahlreiche unterschiedliche Lastmodelle, die zur Nachbildung des realen Lastverhaltens genutzt werden. Die dafür benötigten Parameter sind oftmals jedoch nicht exakt bekannt. Zum einen wird in den meisten Untersuchungen die Frequenz als konstant angenommen und ihr Einfluss vernachlässigt, in vielen Inselnetzen treten jedoch markante Frequenzabweichungen auf. Auf der anderen Seite beziehen sich viele Parameter in der Literatur auf ältere Veröffentlichungen vor 1990, welche aktuelle Technologien und Entwicklungen nicht berücksichtigen [13, 44, 45].

4.3.1 Standard-Lastmodelle

Mit statischen Lastmodellen ist es möglich, das Verhalten von EL in Lastfluss- und quasistationären Berechnungen nachzubilden. Die Zeitkonstanten von Niederspannungs-Geräten sind sehr klein [14], was dazu führt, dass Änderungen der Leistungsaufnahme infolge von Änderungen von U und f nahezu unverzögert erfolgen. Daher können die statischen Modelle in den meisten Fällen auch für Stabilitäts- und Inselnetzuntersuchungen angewandt werden. Die gebräuchlichsten Lastmodelle stellen dabei das Exponentialmodell sowie das Polynomialmodell (in manchen Literaturstellen auch als ZIP-Modell bezeichnet) dar [17, 46, 47].

Exponentialmodell

Beim Exponentialmodell wird sowohl für die Spannungs- als auch für die Frequenzabhängigkeit der Lasten von einem exponentiellen Zusammenhang bei der Wirk- und Blindleistung ausgegangen [17]. Daher gibt es, wie in den Gln. (4-21) und (4-22) des Exponentialmodells ersichtlich, jeweils nur genau einen Parameter der den Einfluss zwischen U bzw. f und P bzw. Q beschreibt. Durch seine einfache Struktur und die wenigen erforderlichen Parameter wird das Exponentialmodell in der Praxis häufig angewendet.

$$P_{\mathrm{EXP}}(U,f) = P_0 \cdot \left(\frac{U}{U_0}\right)^{k_{\mathrm{pu}}} \cdot \left(\frac{f}{f_0}\right)^{k_{\mathrm{pf}}} \tag{4-21}$$

$$Q_{\mathrm{EXP}}(U,f) = Q_0 \cdot \left(\frac{U}{U_0}\right)^{k_{\mathrm{qu}}} \cdot \left(\frac{f}{f_0}\right)^{k_{\mathrm{qf}}} \tag{4-22}$$

Für die Spannungsabhängigkeit über die Parameter k_{pu} und k_{qu} gibt es drei Werte, mit denen sich typische Lastarten modellieren lassen:

- $k_{\mathrm{u}} = 2$, Proportionalität zu U^2: entspricht konstanter Lastimpedanz
- $k_{\mathrm{u}} = 1$, Proportionalität zu U: entspricht konstanter Stromaufnahme
- $k_{\mathrm{u}} = 0$, Unabhängigkeit von U: entspricht konstanter Leistungsaufnahme

Es sind auch Werte von $k_u > 2$ möglich, beispielsweise ist der Zusammenhang zwischen Spannung und Wirkleistung (und damit auch der Drehzahl) für Lüfter kubisch ($k_u = 3$). Dieses Verhalten tritt deshalb vorwiegend bei motorischen Lasten, die nur mit einer Teillast betrieben werden, auf.

Typischerweise gelten für die Parameter des Exponentialmodells die Grenzen $k_u \geq 0$ und $-1 \leq k_f \leq 1$. Am Beispiel der RL-Last in Abschnitt 4.2 würden sich beispielsweise die Werte $k_{pu} = 2$, $k_{pf} = 0$, $k_{qu} = 2$ und $k_{qf} = -1$ für das Exponentialmodell ergeben.

Messung der Parameter des Exponentialmodells

Im Labor wurden Messungen an zahlreichen Haushaltsgeräten durchgeführt, um die Spannungs- und Frequenzabhängigkeit von EL zu ermitteln. Diese Untersuchungen wurden durchgeführt, da auch innerhalb von NS-Netzen die Durchdringung mit DEAs sehr groß ist und ungewollte Inselnetze auftreten können. Außerdem können bei Labormessungen Effekte und Wechselwirkungen ausgeschlossen werden, die nicht direkt aus dem Verhalten der Lasten resultieren. Das Vorgehen zur Ermittlung der Modellparameter wird in Anhang 0 näher beschrieben.

Eine Auswahl repräsentativer Parameter ist in Tabelle 4-1 dargestellt. Im Rahmen der Untersuchungen zeigte sich, dass sich die Geräte im Wesentlichen in vier Kategorien einteilen lassen:

- **rein ohmsche Last**: vernachlässigbarer Anteil an Blindleistung $k_{pu} \approx 2$

- **Motorlast**: $k_{pu} > 2$ und $k_{qu} > 2$ $k_{pf} < 0$ und $k_{qf} < 0$

- **Konstante Stromaufnahme**: $k_{pu} = k_{qu} \approx 1$ $k_{pf} = k_{qf} \approx 0$

- **Konstante Leistung** $k_{pu} = k_{pf} = 0$

Tabelle 4-1:   Beispielparameter für das Exponentialmodell

Lastart	Gerät	Exponentialmodell			
		k_{pu}	k_{pf}	k_{qu}	k_{qf}
Rein ohmsche Lasten (konstante Impedanz)	Radiator	1,96	0,00	-	-
	Wasserkocher	1,99	0,00	-	-
	Kaffeemaschine	1,95	0,00	-	-
	Heizlüfter (Heizstufe)	1,98	0,00	-	-
	Glühlampe	1,99	0,00	-	-
Motorlasten	Heizlüfter (kalt)	2,57	-0,93	2,68	-0,93
	Lüfter	2,66	-1,26	3,60	-2,12
	Leerlaufende ASM	4,05	-3,48	3,29	-2,10
	Staubsauger	1,82	0,00	2,35	0,43
Konstante Stromaufnahme	Energiesparlampe	0,97	0,00	1,22	0,00
	LED-Lampe	0,83	0,00	0,92	0,13
Konstante Leistung	Laptop	0,00	0,00	-0,26	0,49
	Computerbildschirm	0,00	0,00	0,28	-0,24

Im Rahmen der Labormessungen wurde ebenfalls das dynamische Verhalten der elektrischen Geräte untersucht. Dafür wurden die Parameter verschiedener dynamische Lastmodelle bestimmt [12]. Es zeigte sich, dass alle untersuchten elektrischen Geräte sehr schnell auf Spannungs- und Frequenzänderungen reagierten und innerhalb einer Periode auf ihre neue Leistungsaufnahme eingeschwungen waren. Anhand der ermittelten Zeitkonstanten, die in allen Fällen kleiner als 20 ms waren, bestätigte sich diese Beobachtung.

Polynomialmodell

Ein zweites, häufig genutztes Lastmodell ist das Polynomialmodell, oft auch als ZIP-Modell bezeichnet, welches auf dem physikalischen Hintergrund der Lasten basiert. Die Spannungsabhängigkeit der Last wird dabei in drei Teile gegliedert, wie aus den Gln. (4-23) und (4-24) deutlich wird:

- Z-Anteil, proportional zu U^2: entspricht einer konstanten Lastimpedanz
- I-Anteil, proportional zu U: entspricht einer konstanten Stromaufnahme
- P-Anteil, unabhängig von U: entspricht einer konstanten Leistungsaufnahme

An dieser Stelle lässt sich ein Zusammenhang zum Exponentialmodell erkennen. Beim Polynomialmodell können aber zusätzlich Mischlasten (z.B. konstante Leistung zusammen mit konstanter Impedanz) dargestellt werden. Die drei Parameter a, b und c müssen bei P_{ZIP} und Q_{ZIP} jeweils in Summe Eins ergeben und größer oder gleich Null sein. Anderenfalls wäre nicht gewährleistet, dass für U_0 und f_0 auch P_0 und Q_0 auftreten. Die Frequenzabhängigkeit wird in diesem Lastmodell als linear angenommen und mit dem Parameter d quantifiziert, für $d = 0$ besteht dabei keine Abhängigkeit von der Frequenz.

$$P_{\mathrm{ZIP}}(U, f) = P_0 \cdot \left(a_{\mathrm{p}} \cdot \left(\frac{U}{U_0} \right)^2 + b_{\mathrm{p}} \cdot \frac{U}{U_0} + c_{\mathrm{p}} \right) \cdot \left(1 + d_{\mathrm{p}} \cdot \Delta f \right) \qquad (4\text{-}23)$$

$$Q_{\mathrm{ZIP}}(U, f) = Q_0 \cdot \left(a_{\mathrm{q}} \cdot \left(\frac{U}{U_0} \right)^2 + b_{\mathrm{q}} \cdot \frac{U}{U_0} + c_{\mathrm{q}} \right) \cdot \left(1 + d_{\mathrm{q}} \cdot \Delta f \right) \qquad (4\text{-}24)$$

Bei den meisten Einzelgeräten erreichte das Polynomialmodell in den Untersuchungen eine ähnliche Genauigkeit wie das Exponentialmodell. Da es allerdings nur Spannungsabhängigkeiten bis zu einem Exponenten von Zwei abbilden kann, ist es nicht möglich die motorischen Lasten exakt wiederzugeben. Dadurch ergibt sich für Einzellasten mit dem Exponentialmodell ein genaueres Ergebnis.

4.3.2 Entwicklung eines Ortsnetz-Lastmodells

Die Standard-Lastmodelle sind gut geeignet um das Verhalten von Einzellasten wiederzugeben, stoßen bei der Anwendung in realen Netzen aber auf Einschränkungen. Insbesondere bei der Modellierung der Blindleistungsaufnahme können die Faktoren wie in den Gln. (4-22) und (4-24) nicht in jedem Fall genutzt werden. Die Ursache dafür ist der Kompensationseffekt von induktiver und kapazitiver Blindleistung innerhalb eines elektrischen Netzes. Der real messbare Bezugswert Q_0 kann durch gegenseitige Kompensation der Lasten und auch Leitungen nahe Null oder sogar negativ sein. Die Gln. (4-22) und (4-24) mit dem Bezugswert Q_0 als Faktor sind damit ungeeignet. Die Schätzung der Modellparameter der Standard-Lastmodelle würde immer größer Werte ergeben, je mehr sich Q_0 dem Wert Null nähert, um eine Änderung der Blindleistung noch nachbilden zu können. Diese Parameter wären damit sehr netz- und arbeitspunktspezifisch und könnten nicht allgemein verwendet werden. Um diese Probleme zu umgehen, wurden im Rahmen dieser Arbeit neue Lastmodelle entwickelt, mit denen das Verhalten des realen Netzes akkurat nachgebildet werden kann.

Wirkleistung

Für die Wirkleistung wird in dieser Untersuchung die Mischung aus dem Exponentialmodell und dem Polynomialmodell in Gl. (4-25) genutzt. Die Spannungsabhängigkeit wird dabei durch einen Exponenten dargestellt, während die Frequenzabhängigkeit wie beim ZIP-Modell linearisiert wird. Da in den Netzen, die zur Bestimmung der Modellparameter untersucht wurden, keine oder nur sehr geringe Einspeisungen vorhanden waren, kann für die Bezugsgröße P_0 die tatsächlich gemessene Leistung im jeweiligen Netz genutzt werden. In Netzen mit Erzeugungsanlagen muss der Anteil der Einspeiser separat betrachtet und P_0 nur auf die elektrischen Verbraucher bezogen werden.

$$P_{\text{LM}}(U, f) = P_0 \cdot \left(\frac{U}{U_0}\right)^{k_{\text{pu}}} \cdot \left(1 + k_{\text{pf}} \cdot \left(\frac{f - f_0}{f_0}\right)\right) \qquad (4\text{-}25)$$

Für die Abhängigkeit der Wirkleistung von der Spannung über den Parameter k_{pu} lässt sich dieser wie beim Exponentialmodell interpretieren:

- $k_{\text{pu}} = 2$: Last verhält sich wie eine konstante Impedanz
- $k_{\text{pu}} = 1$: Last weist eine konstante Stromaufnahme auf
- $k_{\text{pu}} = 0$: Last weist eine konstante Leistungsaufnahme auf

Die Größe von k_{pf} hingegen ist vor allem ein Indiz für den Anteil von direkt angeschlossenen Maschinen im Netz. Diese Maschinen weisen eine direkte Proportionalität zwischen Frequenz und Leistungsaufnahme auf. Je geringer k_{pf} ist, desto weniger Maschinen befinden sich demnach im Netz. Bei $k_{\text{pf}} = 0$ befinden sich demnach keine direkt angeschlossenen Maschinen im betrachteten Teilnetz.

Blindleistung

Ein neuer Ansatz für die Berechnung der Blindleistung ist in Gl. (4-26) dargestellt. Anstelle des Absolutbetrags der Blindleistung wird dabei nur die Blindleistungsänderung ΔQ in Abhängigkeit von Spannung und Frequenz untersucht. Damit hat ein sehr kleines oder negatives Q_0 keinen Einfluss auf die Parameter des Modells, sondern stellt nur noch einen Offset dar. Als neuer Bezugswert der Blindleistungsänderung hat sich P_0 als geeignete Größe erwiesen, solange nur Lasten und keine oder wenige DEA in dem untersuchten Teilnetz berücksichtigt werden [48]. Mit diesem Ansatz können auch für unterschiedliche Netze vergleichbare Parameter k_{qu} und k_{qf} ermittelt werden (die Einheit der Parameter ergibt sich zu $[k_{\text{qu}}; k_{\text{qf}}] = \text{var/W} = 1$).

$$Q_{\text{LM}}(U, f) = Q_0 + \underbrace{P_0 \cdot \left(k_{\text{qu}} \cdot \left(\frac{U - U_0}{U_0}\right) + k_{\text{qf}} \cdot \left(\frac{f - f_0}{f_0}\right)\right)}_{\Delta Q(U, f)} \qquad (4\text{-}26)$$

Ein $k_{\text{qu}} = 1$ bedeutet, dass sich die Blindleistung um den Anteil $\Delta U / U_0$ von P_0 ändert. Eine Spannungsänderung von $+5\,\%$ würde damit einen Blindleistungsanstieg um $0{,}05 \cdot k_{\text{qu}} \cdot P_0$ ergeben.

Messungen zur Bestimmung der Modellparameter

Zur Bestimmung der Modellparameter wurden Messungen in realen Niederspannungs-Ortsnetzen durchgeführt. Dabei wurde während geplanter Arbeiten, die eine Trennung vom vorgelagerten Netz und den Einsatz von Netzersatzanlagen (NEA) voraussetzten, Spannung und Frequenz der NEA variiert und die Reaktion der EL gemessen.

Um geeignete Ortsnetze zu finden, wurden zunächst alle geplanten NEA-Einsätze bewertet. Beim Betrieb einer NEA in Ortsnetzen mit hoher Durchdringung mit DEA besteht die Gefahr einer Rückspeisung. Da NEA nicht rückspeisefähig sind, wird die NEA im Normalfall beim Einsatz in diesen Netzen mit einer Frequenz von 51,7 Hz betrieben. Durch die Wirkung des ES trennen sich die vorhandenen DEAs bei dieser Überfrequenz automatisch vom Netz. Da im Rahmen der Untersuchung die Lastparameter auch bei von 51,7 Hz abweichenden Frequenzen ermittelt werden sollten, konnten nur Netze ohne oder mit geringem Anteil dezentraler Erzeugungsanlagen verwendet werden, bei denen die 51,7-Hz-Regelung der NEA deaktiviert werden kann.

Die fünf untersuchten Netze wiesen Wohnbebauung und einen geringen Anteil von Gewerbe auf. Die Messungen wurden zu Beginn und zum Ende der geplanten Arbeiten durchgeführt, sodass sich als Messzeitpunkte Vormittag, Mittag und Nachmittag ergaben. Die Messung erfolgte dreiphasig mit einem Transientenrekorder (DEWE 2600) wie in Bild 4-1 dargestellt. Nach der Trennung des NS-Netzes vom vorgelagerten Netz erfolgte die Versorgung ausschließlich durch die NEA.

In jedem Messdurchlauf wurde zunächst die Spannung mehrfach im Bereich von $\pm\,6\%$ variiert und im Anschluss daran die Frequenz zwischen 49 und 51,7 Hz. Um den Einfluss stochastischer Zu- und Abschaltungen von Lasten zu reduzieren, wurden schnelle Änderungen von Spannung und Frequenz durchgeführt. Zur Veränderung der Frequenz wurde sowohl die Sollwertänderung, die eine rampenförmige Veränderung zur Folge hatte, als auch die sprunghafte Veränderung durch Wechsel zwischen 51,7-Hz-Betriebsmodus und normalen Sollwert-Betrieb genutzt.

Für jede gemessene Spannungs- und Frequenzänderung wurden die Anfangs- und Endwerte von Spannung, Frequenz, Wirk- und Blindleistung ermittelt. Ein Teil der Messreihen musste aussortiert werden, da der Vorgang von großen Lastsprüngen oder -wech-

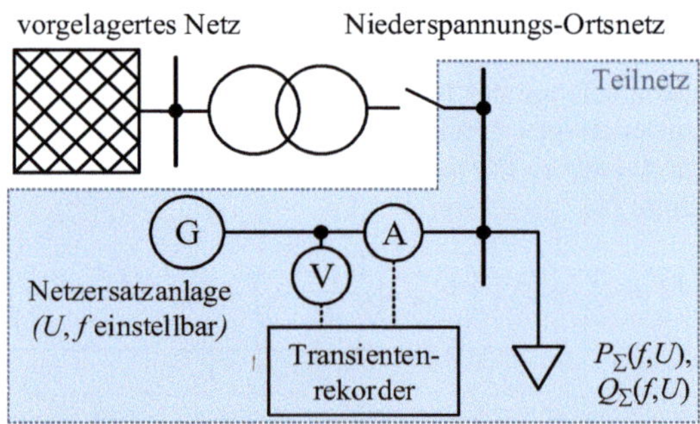

Bild 4-1: Messschaltung zur Untersuchung der spannungs- und frequenzabhängigen Leistungsaufnahme von Niederspannungsnetzen

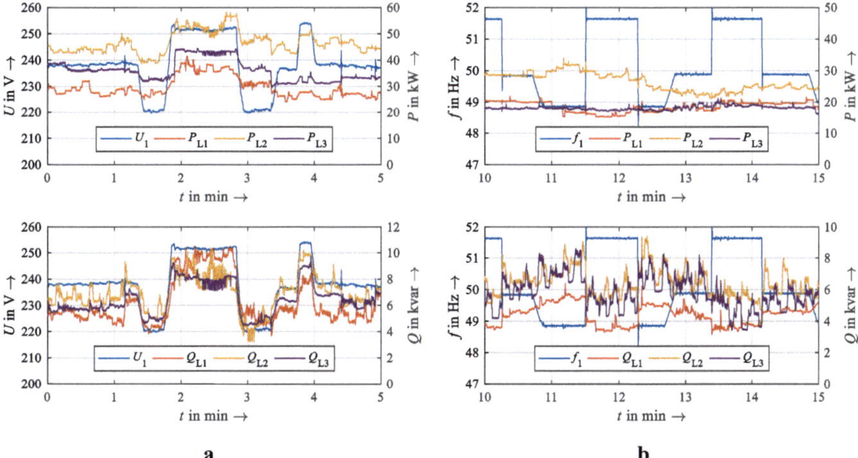

Bild 4-2: Zeitverläufe von Wirk- und Blindleistung; **a** bei Spannungsänderungen; **b** bei Frequenzänderungen

seln überlagert wurde, die nicht von der eingestellten Änderung verursacht worden waren. In vielen Fällen konnten jedoch diskrete Lastzuschaltungen und –abschaltungen aus dem Verlauf herausgerechnet werden. Detailliertere Beschreibungen der Auswertung können in [14] nachgelesen werden.

Beispielhafte Verläufe der Wirk- und Blindleistung für Spannungs- und Frequenzänderungen sind in Bild 4-2a und b dargestellt. Aus den Verläufen lassen sich bereits Tendenzen der Abhängigkeiten ableiten. Gleichzeitig wird jedoch offensichtlich, dass eine Nachbearbeitung der Daten unerlässlich war. Dabei wurden diskret identifizierbare Lastsprünge aus dem Verlauf von Wirk- und Blindleistung herausgerechnet.

Mit den durchgeführten Messungen konnte das transiente Verhalten der Lasten nicht bestimmt werden. Die Ursache dafür sind die vergleichsweise langsamen Rampen mit etwa 2-6 V/s, mit denen die Klemmenspannung der NEA geändert werden kann, sodass die sehr kleinen zu erwartenden Zeitkonstanten der Lasten (< 1 s) nicht ausgewertet werden können. Bei der Frequenz hingegen kann zwar mit der Umschaltung zwischen aktiviertem und deaktiviertem 51,7-Hz-Betriebsmodus tatsächlich ein schneller Frequenzsprung bewirkt werden, jedoch dominiert das Schwingungsverhalten der NEA das transiente Verhalten der Anordnung.

Ermittlung der Modellparameter

Es ergaben sich insgesamt 306 Spannungs- und 321 Frequenzsprünge in neun Messungen, die ausgewertet werden konnten. Mit diesen Werten wurden für jede Messung die Parameter für die Lastmodelle in den Gln. (4-25) und (4-26) ermittelt und in Tabelle 4-2 eingetragen. An der NEA bei Messung 5 konnte die Spannung nicht eingestellt werden, deswegen wurden in dieser Messung nur Frequenzänderungen durchgeführt. Die Tageszeit wurde unterteilt in Morgen (MO, 6-10 Uhr), Mittag (MI, 10-14 Uhr) und Nachmittag (NA, 14-18 Uhr). Es gab keine geplanten Arbeiten am Abend oder in der Nacht,

Tabelle 4-2: Ermittelte Parameter für jede Messung

Nr.	Tageszeit	k_{pu}			k_{pf}			k_{qu}			k_{qf}		
		L1	L2	L3	L1	L2	L3	L1	L2	L3	L1	L2	L3
1		1,31	1,37	1,42	0,14	0,15	0,10	1,23	0,72	0,96	-1,15	-1,61	-0,77
2		1,37	1,70	1,45	0,06	-0,13	0,06	0,80	1,15	0,88	-1,13	-1,07	-0,98
3	MO	1,41	1,15	1,55	0,04	0,03	0,16	1,26	0,88	0,92	-2,24	-1,80	-1,85
4		1,62	1,47	1,57	0,16	0,06	0,23	0,94	1,17	0,97	-1,39	-1,62	-0,90
5		-	-	-	0,28	0,26	0,30	-	-	-	-1,11	-1,14	-1,33
6		1,32	1,54	1,37	0,06	0,27	0,05	0,21	0,97	1,09	-1,70	-2,07	-2,20
7	MI	1,30	1,48	1,20	0,21	0,01	0,34	0,94	0,64	0,81	-1,16	-1,01	-0,83
8		1,56	1,66	1,75	0,02	0,03	0,06	0,59	0,36	0,93	-1,06	-0,89	-0,85
9	NA	1,53	1,38	1,62	-0,08	-0,06	0,11	1,09	1,00	1,41	-1,40	-1,19	-1,99

während derer Messungen durchgeführt werden konnten. Die einzelnen Phasen können separat betrachtet werden, da die meisten Verbraucher in der Niederspannung einphasig angeschlossen werden, sodass die Leistungsaufnahme in den drei Phasen weitestgehend unabhängig voneinander ist. Die Parameter weisen keine systematische Änderung abhängig von der Tageszeit auf. Zu verschiedenen Tageszeiten sind die Parameter zwar unterschiedlich, die Art der Änderung ist jedoch in jedem untersuchten Netz anders. Eine systematische Änderung der Verbraucherstruktur lässt sich daraus nicht ableiten.

Aus den ermittelten Parametern für jede Messung und jede einzelne Phase in Tabelle 4-2 (24 für die Spannung und 27 für die Frequenz) wurden der Erwartungswert μ und die Standardabweichung σ unter Annahme einer Normalverteilung nach Gl. (4-27) berechnet und in Tabelle 4-3 eingetragen. Die Anpassungstests zum Nachweis der Normalverteilung werden in Anlage A.7 aufgeführt.

$$f(x) = \frac{1}{\sigma \cdot \sqrt{2\pi}} \cdot e^{\frac{-(x-\mu)^2}{2\sigma^2}} \qquad (4\text{-}27)$$

Für die $P(U)$-Abhängigkeit ergibt sich mit $1 < k_{pu} < 2$ als Exponent ein Verhalten, welches zwischen konstanter Impedanz und konstantem Strom liegt. Verbraucher, die über leistungselektronische Stellglieder angeschlossen sind, stellen demnach noch nicht den dominierenden Anteil dar. Der Zusammenhang zwischen Frequenz und Wirkleistung ist nahezu komplett vernachlässigbar mit $k_{pf} \approx 0$. Auftretende Änderungen hängen im Wesentlichen von zufälligen Schaltungen einzelner Geräte ab, was sich auch daran zeigt, dass die Standardabweichung für k_{pf} größer als der Erwartungswert ist. Demnach ist der Anteil größerer direkt angeschlossener Maschinen in den betrachteten Netzen als sehr gering einzuschätzen. Darüber hinaus steigt die Leistungsaufnahme kleiner, nahezu leerlaufender Motoren kaum mit zunehmender Frequenz, wie es für größere Maschinen der Fall wäre [12].

Tabelle 4-3: Ermittelte Lastmodellparameter

k_{pu}		k_{pf}		k_{qu}		k_{qf}	
μ	σ	μ	σ	μ	σ	μ	σ
1,46	0,15	0,10	0,12	0,91	0,27	-1,35	0,44

Die Blindleistung hingegen zeigt eine indirekte Proportionalität hinsichtlich der Frequenz. Dieses Verhalten ist im Wesentlichen auf die Frequenzabhängigkeit der induktiven und kapazitiven Reaktanzen in Gl. (4-28) zurückzuführen. Die untersuchten Netze wurden demnach von Induktivitäten dominiert.

$$Q_C(U, f) = -U^2 \cdot 2\pi f C$$

$$Q_L(U, f) = \frac{U^2}{2\pi f L}$$

(4-28)

Durch das neue Lastmodell in Gl. (4-26) kann sich ein Teilnetz durch Spannungs- oder Frequenzänderungen von kapazitivem zu induktivem Verhalten wandeln und umgekehrt. Dieser Fall trat im Rahmen der Messungen auch zu verschiedenen Zeitpunkten auf und könnte mit den Standard-Lastmodellen nicht nachgebildet werden.

Vergleich zwischen Modell und Messung

In Bild 4-3 sind die Zusammenhänge zwischen $P(U)$, $P(f)$, $Q(U)$ und Q (f) beispielhaft für ein untersuchtes Netz dargestellt. Dabei werden die einzelnen Spannungs- oder Frequenzsprünge durch Punkte repräsentiert. Zusätzlich wurden die Modellgleichungen (4-25) und (4-26) eingetragen, wobei für die Blindleistung nur die Differenz ΔQ dargestellt ist. Es wurden die Lastmodellparameter aus Tabelle 4-3 verwendet, wobei sowohl der Erwartungswert μ als auch die Konfidenzintervalle mit $+2\,\sigma$ und $-2\,\sigma$ eingetragen wurden. Die Charakteristiken der gemessenen Netze kann mit den verwendeten Lastmodellen und ermittelten Parametern sehr gut nachgebildet werden. Im Folgenden wird das neuartige Lastmodelle als L_REA bezeichnet.

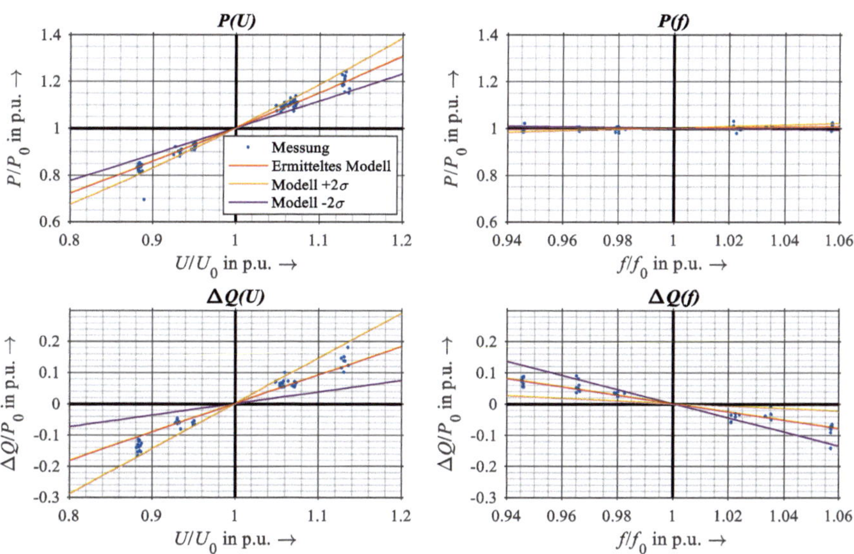

Bild 4-3: Gemessene und ermittelte Wirk- und Blindleistungen als Funktion von Spannung und Frequenz (beispielhaft für ein NS-Ortsnetz)

4.4 Fazit zur Modellierung elektrischer Lasten

Die Untersuchung verschiedener Ansätze zur Lastmodellierung hat gezeigt, dass nur wenige Modelle das Verhalten realer elektrischer Lasten hinreichend genau beschreiben. Der Parallelschwingkreis aus R, L und C, der unter anderem auch in dem Prüfverfahren zur ungewollten Inselnetzbildung aus Abschnitt 2.3.2 genutzt wird, ist in der Praxis von untergeordneter Bedeutung. Mit der stärkeren Durchdringung des Netzes mit über Schaltnetzteile und andere Leistungselektronik entkoppelten elektrischen Geräten kann prinzipiell der kapazitive Anteil der Last zunehmen. Aktuell zeigte sich bei in realen Ortsnetzen durchgeführten Messungen jedoch noch vorwiegend eine ohmsch-induktive Gesamtcharakteristik der Last, auch wenn teilweise Kompensationseffekte der Blindleistung beobachtet werden konnten. Aus den Ergebnissen der Messungen konnte ein neues Lastmodell entwickelt werden, mit dem das spannungs- und frequenzabhängige Verhalten realer Ortsnetze exakt nachgebildet wird.

5 Entwicklung von Szenarien und Kriterien zur Bewertung von Detektionsverfahren

Um verschiedene IDV testen zu können, standen bisher, wie in Abschnitt 2.3.2 dargestellt, nur wenige Prüfverfahren zur Verfügung. Die Aussagekraft der Ergebnisse dieser Verfahren ist jedoch nur für den sehr speziellen Fall der RLC-Last gegeben, da weder das reale Verhalten der elektrischen Verbraucher im Netz, noch die Wechselwirkung der DEA untereinander berücksichtigt werden. Auch von DEA zu erbringende Systemdienstleistungen wie die Reduzierung der Wirkleistung bei Überfrequenz und die Einspeisung von Blindleistung werden in den Prüfverfahren trotz ihres potenziellen Einflusses außer Acht gelassen. Zudem konnten verschiedene IDV bislang nicht untereinander verglichen werden, weil es keine objektiven Kriterien gibt, mit denen IDV bewertet werden können.

Um allgemeinere Aussagen über IDV treffen zu können, müssen demnach realistische Last- und Erzeugerszenarien sowie Testnetze gewählt werden. In diesem Kapitel werden daher die Untersuchungsszenarien vorgestellt und neue Bewertungskriterien eingeführt, die es ermöglichen, objektive und allgemeingültige Aussagen über die Effizienz und Geschwindigkeit der IDV sowie den Einfluss des Lastverhaltens im realen Netz treffen zu können.

5.1 Szenarienbildung

Für die Bewertung der IDV wurden zwei unterschiedliche Szenarien untersucht:

- **Ein-Sammelschienen-Anordnung**: Alle Erzeuger und Lasten sind an einer gemeinsamen Sammelschiene angeschlossen. In diesem Szenario können sehr genau die Wechselwirkungen zwischen DEA und EL untersucht und bewertet werden. Für einfache Anordnungen können dabei analytische Lösungen berechnet und als Referenz genutzt werden.
- **Generisches Verteilnetz**: Beim zweiten Szenario wird das europäische Mittelspannungs-Benchmark-Netz der CIGRE-Studie [49] modelliert. In diesem Szenario liegt der Untersuchungsfokus auf dem Einfluss des elektrischen Netzes und der Positionierung von DEA im Verteilnetz.

5.1.1 Ein-Sammelschienen-Anordnung

Unter Verwendung der DEA-Modelle aus Kapitel 3 und der EL-Modelle aus Kapitel 4 ergeben sich sechs verschiedene Szenarien der Ein-Sammelschienen- Anordnung in Tabelle 5-1 (bezeichnet mit SE_), um die Übergangsvorgänge in unterschiedlichen Netzkonstellationen untersuchen zu können. Der Fokus liegt bei diesen Untersuchungen auf der Bewertung des Einflusses der Lastmodelle auf die ungewollte Inselnetzbildung.

Tabelle 5-1:   Zu untersuchende Szenarien aus DEA- und EL-Modellen

Szenarien (SE)		EL-Modell	
	EL_RLC	EL_RL	EL_REA
DEA-Modell G_WR	SE_WR_RLC	SE_WR_RL	SE_WR_REA
G_WR + G_ASG (G_WRA)	SE_WRA_RLC	SE_WRA_RL	SE_WRA_REA

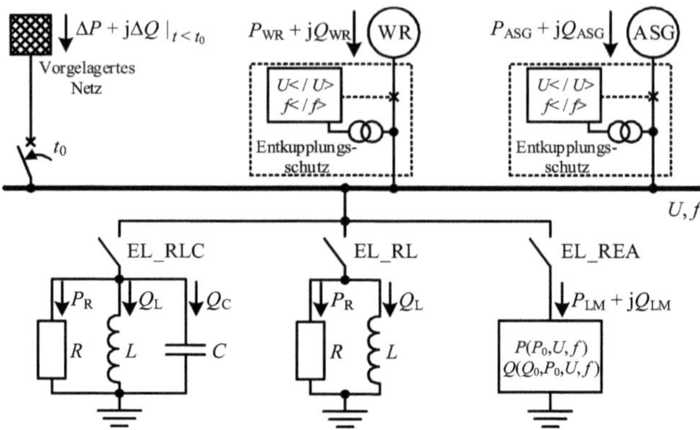

Bild 5-1: Vereinfachte Schaltung mit verschiedenen DEA- und EL-Modellen an einer gemeinsamen Sammelschiene

In Bild 5-1 ist die Verschaltung an einer gemeinsamen Sammelschiene dargestellt. Die induktive Blindleistung der Last EL_RLC ist mit dem Leistungsfaktor $\cos \varphi = 0{,}95$ dimensioniert. Für den ausgeglichenen Fall gilt $|Q_{\mathrm{L}}| = |Q_{\mathrm{C}}|$ wodurch sich insgesamt $\cos \varphi = 1$ ergibt. Für die Lasten EL_RL und EL_REA, die mit $\cos \varphi = 0{,}95$ dimensioniert sind, ist ein kapazitiver Blindleistungsbeitrag durch G_WR erforderlich, damit eine ausgeglichene Blindleistungsbilanz entstehen kann. In manchen Kombinationen werden sowohl G_WR als auch G_ASG zusammen betrieben um den Einfluss von DEA mit Trägheit zu verdeutlichen. Diese Fälle mit beiden untersuchten Arten von DEA werden mit G_WRA bezeichnet. Die Wirkleistung ist dabei aufgeteilt in 75 % G_WR und 25 % G_ASG. Der Blindleistungsbedarf der G_ASG wird von G_WR mit gedeckt.

In realen Verteilnetzen ist generell ein größerer Anteil von DEA, die über Umrichter an das Netz angeschlossen sind, zu erwarten. Sämtliche PV-Anlagen, sowie ein Großteil der WKA sind über Vollumrichter an das elektrische Netz angeschlossen ([50], Anteil Zubau ASG 10 %, doppeltgespeiste ASG 33 %, Anlagen mit Vollumrichter >56% und steigender Tendenz). In BHKW hingegen sind oftmals direkt angeschlossene ASG verbaut, diese machen jedoch nur einen vergleichsweise geringen Anteil der installierten Leistung aus (7,3 % nach [51]). Die Parameter der modellierten Anlagen werden in A.8 aufgeführt.

5.1.2 Generisches Verteilnetz

Bislang wurde eine stark vereinfachte Anordnung an einer gemeinsamen Sammelschiene vorgestellt, die es ermöglicht die grundlegenden Übergangsvorgänge und Auswirkungen verschiedener EL und DEA im Detail zu untersuchen. Für weiterführende Untersuchungen wird jedoch ein größeres Verteilnetz benötigt, zum einen um den Einfluss des elektrischen Netzes in Form von Leitungen und Transformatoren und zum anderen um die Wechselwirkungen zwischen mehreren DEA zu analysieren. Als Grundlage für die im Folgenden als generisches Verteilnetz bezeichnete Anordnung wurde das europäische MS-Verteilnetz aus den CIGRE-Benchmark-Netzen gewählt [52]. In Bild 5-2 ist das damit modellierte generische Verteilnetz dargestellt.

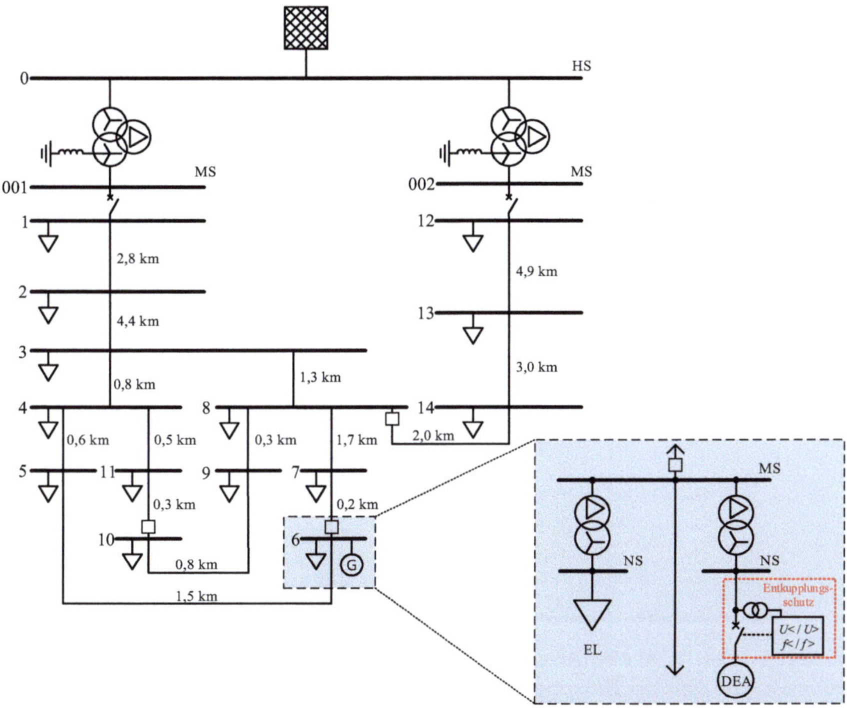

Bild 5-2: Schematische Darstellung des verwendeten generischen Verteilnetzes, basierend auf dem CIGRE-Benchmark-Netz [49]

Es handelt sich um ein kompensiert betriebenes 20-kV-Netz, welches über zwei Transformatoren mit Ausgleichswicklung gespeist wird. Die Sammelschienen (SS) 001 und 002 stellen dabei die Stationssammelschienen, von denen mehrere Abgänge abzweigen können, dar. In der folgenden Untersuchung wird pro Station nur ein Abgang näher betrachtet und im Einzelnen modelliert, da die Trennung vom vorgelagerten Netz zwischen den SS 001 und SS 1 beziehungsweise SS 002 und SS 12 erfolgt. Das Netz weist die Struktur eines Ringes mit normal offener Trennstelle zwischen SS 8 und 14 auf. Der rechte Netzabschnitt aus den SS 12 bis 14 stellt ein ländliches Netz mit Freileitungen dar. Der linke Netzabschnitt aus den SS 1 bis 11 modelliert ein städtisches Netz mit Kabelleitungen. Innerhalb des Stadtnetzes gibt es zwei weitere offen betriebene Netzringe. Die Leitungsparameter werden in A.9 aufgeführt.

An jeder Sammelschiene sind sowohl EL als auch DEA modelliert. Diese sind, wie in Bild 5-2 hervorgehoben wird, jeweils über einen Transformator an die MS-Sammelschiene angeschlossen. Bei den DEA wird insbesondere von größeren Anlagen ausgegangen, mit Bemessungsleistungen im niedrigen MW-Bereich. Hierbei wird zwischen den zwei Szenarien „zentrale" und „dezentrale" Einspeisung unterschieden:

- E_ZEN: Energieversorgung erfolgt ausschließlich über DEA an den SS 1 und SS 3 (und damit nicht in den offen betriebenen Netzringen im städtischen Netz) sowie an SS 12 (im ländlichen Netz)
- E_DEZ: Energieversorgung erfolgt gleichmäßig verteilt über DEA an allen SS

Die Zuordnung und Größe der installierten elektrischen Lasten wurde aus der CIGRE-Studie entnommen [52]. Um Simulationen mit gut ausgelasteten Netzen durchführen zu können, gleichzeitig aber Überlastungen von Leitungen oder Transformatoren im Normalbetrieb zu vermeiden, wurden die angegebenen Leistungen mit dem Skalierungsfaktor 0,5 multipliziert, sodass sich im Simulationsmodell die Referenzleistungen in Tabelle 5-2 im generischen Verteilnetz ergeben. In den Verteilnetz-Simulationen wurde die in Abschnitt 4.3 vorgestellte Modellierung des realen Lastverhaltens L_REA verwendet.

Tabelle 5-2:   Lastparameter der EL im generischen Verteilnetz

Sammelschiene	S in kVA	$\cos \varphi$	Sammelschiene	S in kVA	$\cos \varphi$
1	259	0,92	8	303	0,97
2	257	0,97	9	338	0,85
3	273	0,92	10	283	0,96
4	223	0,97	11	170	0,97
5	375	0,97	12	259	0,92
6	283	0,97	13	20	0,85
7	45	0,85	14	108	0,90

Für die Art der DEA werden die Varianten G_WR und G_WRA aus Abschnitt 5.1.1 verwendet. Im Fall der Einspeisung G_WRA werden dabei ebenfalls 25 % der Erzeugungsleistung von ASG übernommen. Es ergeben sich damit für die Simulation die vier in Tabelle 5-3 aufgeführten Szenarien. Diese können sowohl für den städtischen als auch für den ländlichen Bereich des Verteilnetzes angewandt werden. Der Untersuchungsfokus liegt bei diesem Szenario demnach auf der Analyse der Wechselwirkung zwischen mehreren DEA und dem Einfluss des elektrischen Verteilnetzes.

Die eingestellten Leistungen der DEA sind in Tabelle 5-4 dargestellt und die Parameter der modellierten Anlagen sind auch für dieses Untersuchungsszenario in A.8 aufgeführt.

Tabelle 5-3:   Untersuchte Kombinationen aus DEA-Modellen und Verteilung der DEA

	Szenarien (SG)	Platzierung der DEA	
		E_ZEN	E_DEZ
DEA-Modell	G_WR	SG_WR_ZEN	SG_WR_DEZ
	G_WR + G_ASG (G_WRA)	SG_WRA_ZEN	SG_WRA_DEZ

Tabelle 5-4: Leistung der DEA im generischen Verteilnetz (Erzeugerzählpfeilsystem)

| Sammel-schiene | DEA | E_ZEN | | | | E_DEZ | | | |
| | | G_WR | | G_WRA | | G_WR | | G_WRA | |
		P in kW	Q in kvar	P in kW	Q in kvar	P in kW	Q in kvar	P in kW	Q in kvar
1	G_WR	1377	364	771	384	248	59	77	44
	G_ASG	-	-	604	-359	-	-	171	-117
2	G_WR	-	-	-	-	248	59	248	134
3	G_WR	1377	364	1377	693	248	59	77	44
	G_ASG	-	-	-	-	-	-	171	-117
4	G_WR	-	-	-	-	248	59	248	134
5	G_WR	-	-	-	-	248	59	77	44
	G_ASG	-	-	-	-	-	-	171	-117
6	G_WR	-	-	-	-	248	59	248	134
7	G_WR	-	-	-	-	248	59	248	134
8	G_WR	-	-	-	-	248	59	248	134
9	G_WR	-	-	-	-	248	59	248	134
10	G_WR	-	-	-	-	248	59	77	44
	G_ASG	-	-	-	-	-	-	171	-117
11	G_WR	-	-	-	-	248	59	248	134
12	G_WR	543	244	407	337	180	80	45	37
	G_ASG	-	-	136	-94	-	-	136	-94
13	G_WR	-	-	-	-	180	80	180	148
14	G_WR	-	-	-	-	180	80	180	148

5.2 Einführung von Bewertungskriterien für Inselnetzdetektionsverfahren

Für jede Kombination aus Abschnitt 5.1 wurden zahlreiche Simulationen, mit mehr oder weniger ausgeglichenen Leistungsbilanzen, durchgeführt. Die vor der Inselnetzbildung mit dem vorgelagerten Netz ausgetauschten Leistungen ΔP und ΔQ (siehe Bild 5-1) ergeben sich mit den Gln. (5-1) und (5-2). Die Netzverluste P_N und der Blindleistungsbedarf der Leitungen und Transformatoren Q_N im generischen Verteilnetz müssen dabei im generischen Verteilnetz berücksichtigt werden. Es wurden nicht nur die perfekt ausgeglichenen Fälle mit $\Delta P \approx 0$ und $\Delta Q \approx 0$, sondern auch größere Wirkleistung- und Blindleistungsdifferenzen betrachtet.

$$\Delta P = \sum_i P_{\mathrm{DEA}\,i} - \sum_j P_{\mathrm{EL}\,j} - P_\mathrm{N} \tag{5-1}$$

$$\Delta Q = \sum_i Q_{\mathrm{DEA}\,i} - \sum_j Q_{\mathrm{EL}\,j} - Q_\mathrm{N} \tag{5-2}$$

Fälle, in denen eine elektrische Insel nicht innerhalb von 5 s beendet werden konnte, wurden der Nichtdetektierbaren Zone (NDZ) zugeordnet, da diese, wie in Abschnitt 2.1.3 erläutert, als stabile Inselnetze bezeichnet werden. Die NDZ ist schematisch in Bild 5-3 dargestellt und wird in vielen Untersuchungen zu ungewollten Inselnetzen verwendet [7–9, 53–57]. In den NDZ-Diagrammen werden die Leistungen aller

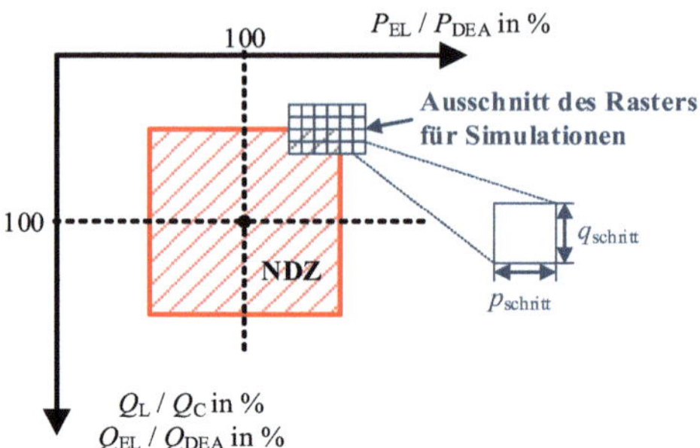

Bild 5-3: Schema einer Nichtdetektierbaren Zone (NDZ) mit einem Ausschnitt des Rasters für einen Simulationsdurchlauf

DEA und EL im untersuchten Netz zusammengefasst, sodass die Werte an den Achsen zur Vereinfachung der Darstellung wie folgt definiert sind:

- P_{DEA}: Summe der eingespeisten Wirkleistung aller DEA

- P_{EL}: Summe der Wirkleistung aller EL (im generischen Verteilnetz: sowie der Netzverluste)

- Q_{DEA}: Summe der zur Verfügung gestellten Blindleistung aller DEA

- Q_{EL}: Summe der Blindleistung aller EL für die Fälle L_RL und L_REA (im generischen Verteilnetz: sowie des Blindleistungsbedarfs des Netzes)

- Q_L: Induktive Blindleistung der EL

- Q_C: Kapazitive Blindleistung der EL

Um verschiedenste IDV miteinander vergleichen zu können werden belastbare und allgemeingültige Vergleichskriterien benötigt. Dazu wurden für jedes Verfahren zwei neue Parameter aus den Ergebnissen der Simulation bestimmt.

Wirksamkeit der Detektion

Der erste Parameter A_{NDZ} beschreibt die Größe der NDZ in den untersuchten Fällen. Der Parameter ergibt sich mit Gl. (5-3). Für jede DEA- bzw. EL-Kombination i wird die Anzahl an nichtdetektierten Simulationsfällen mit $N_{NDZ\,i}$ zusammengezählt. Die Gesamtfläche der NDZ $A_{NDZ\,IDV}$ wird dann durch Multiplikation von N_{NDZ} mit den bezogenen Simulationsschrittweiten für Wirk- und Blindleistung ($p_{schritt}$ und $q_{schritt}$) ermittelt. Die verwendeten Schrittweiten betragen:

- Ein-Sammelschienen-Anordnung: $p_{schritt} = 1\ \%$ und $q_{schritt} = 2\ \%$

- Generisches Verteilnetz: $p_{schritt} = 5\ \%$ und $q_{schritt} = 5\ \%$

Wenn für ein IDV mehr als ein Szenario untersucht wird, so kann für alle Szenarien ein gemeinsamer Vergleichsparameter ermittelt werden. Dazu wird die Fläche aller NDZ addiert und durch die Anzahl an verschiedenen Szenarien (hier $n = 6$) geteilt. Der Parameter ist damit unabhängig von der Anzahl verschiedener Szenarien, dem betrachteten Bereich der Leistung sowie den genutzten Schrittweiten. Für die optimale Vergleichbarkeit sollten jedoch die gleichen DEA- und EL-Kombinationen für alle Untersuchungen verwendet werden. Um direkt die Verbesserung einschätzen zu können, die durch ein

IDV erzielt wird, kann der Parameter size of NDZ (kurz SI_{NDZ}) nach Gl. (5-4) genutzt werden. Hierbei wird $A_{NDZ\,IDV}$ auf den Referenzwert beim Standardverfahren DP_UFS (Spannungs- und Frequenzschutz) bezogen. Dementsprechend weist DP_UFS den Wert $SI_{NDZ} = 1{,}0$ auf und zusätzliche IDV müssen diesen Wert möglichst stark reduzieren.

$$A_{NDZ\,IDV} = \frac{1}{n} \sum_{i=1}^{n} N_{NDZ\,i} \cdot p_{schritt} \cdot q_{schritt} \tag{5-3}$$

$$SI_{NDZ} = \frac{A_{NDZ\,IDV}}{A_{NDZ\,ref}} \tag{5-4}$$

Geschwindigkeit der Detektion

Der zweite Parameter ist die durchschnittliche Detektionszeit t_D, die ein Maß dafür ist, wie schnell erfolgreiche Detektionen erfolgten. Um diese Zeit berechnen zu können, müssen die Summenhäufigkeitsfunktionen der Detektionszeiten aufgestellt werden. Die Summenhäufigkeitsfunktion stellt dabei die Zeitpunkte, zu denen in verschiedenen Simulationen eine Inselnetzdetektion erfolgte, dar. Dies ist in Bild 5-4 beispielhaft dargestellt. Ein Wert von $F(2s) = 0{,}6$ bedeutet demnach, dass nach zwei Sekunden 60 % der Inselnetzfälle detektiert waren. Da als Zeit bis zur erfolgreichen Detektion nach der Trennung vom vorgelagerten Netz maximal 5 s zulässig sind, werden Detektionen nach diesem Zeitpunkt nicht als erfolgreich gewertet. Im Falle mehrerer zu untersuchender Szenarien können mit Gl. (5-5) mehrere Summenhäufigkeitsfunktionen $F_i(t)$ zu einer einzigen Funktion $F_{ges}(t)$ zusammengefasst werden.

$$F_{ges}(t) = \frac{\sum_{i=1}^{n} F_i(t)}{n} \tag{5-5}$$

Mit $F_{ges}(t)$ kann der zweite Bewertungsparameter $t_{D\,IDV}$ über Gl. (5-6) als durchschnittliche Dauer erfolgreicher Inselnetzdetektionen berechnet werden. Der Betrag von $t_{D\,IDV}$ ist proportional zur in Bild 5-4 mit orange markierten Zeitfläche und kann damit bereits durch einen visuellen Vergleich der Summenhäufigkeitsfunktionen verschiedener IDV abgeschätzt werden. Auch für diesen Parameter kann eine Normierung auf die Referenzzeit $t_{D\,ref}$ beim Standardverfahren DP_UFS nach Gl. (5-7) erfolgen. Zu beachten ist

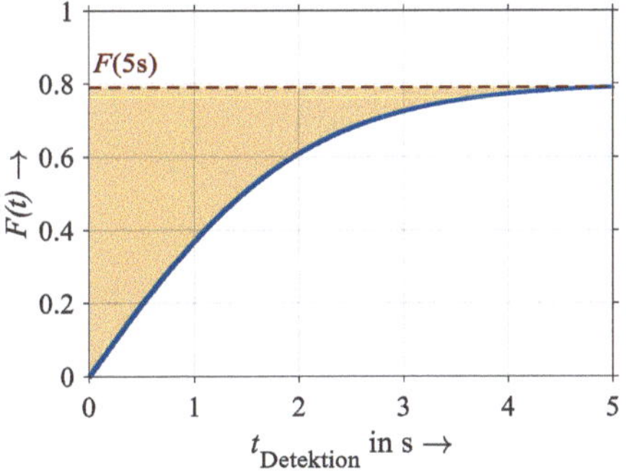

Bild 5-4: Generische Summenhäufigkeitsfunktion

hierbei, dass sich die Parameter $t_{\text{D IDV}}$ und damit auch TI_{NDZ} für einige IDV vergrößern können, da manche Verfahren zwar die NDZ verkleinern, die zusätzlich detektierten Fälle jedoch teilweise größere Detektionszeiten aufweisen können. Zusätzliche IDV müssen grundlegend immer den Parameter SI_{NDZ} und bestenfalls auch TI_{NDZ} auf Werte unterhalb von Eins verringern.

$$t_{\text{D IDV}} = \frac{\int_0^{5\,s}\left(F_{\text{ges}}(5\,\text{s}) - F_{\text{ges}}(t)\right)\mathrm{d}t}{F_{\text{ges}}(5\,\text{s})} \tag{5-6}$$

$$TI_{\text{NDZ}} = \frac{t_{\text{D IDV}}}{t_{\text{D ref}}} \tag{5-7}$$

5.3 Fazit zu neuen Bewertungskriterien und Untersuchungsszenarien

Da viele der ungewollten Stabilisierungseffekte erst durch die Kombination der DEA mit dem realen Lastverhalten auftreten, werden im ersten Untersuchungsszenario drei verschiedene Lastmodelle vorgestellt und getestet. Dafür wurde die in der Norm genutzte RLC-Parallelschaltung, eine RL-Parallelschaltung und das Ortsnetz-Lastmodell aus Abschnitt 4.3 gewählt. Basierend auf den Ergebnissen mit der Ein-Sammelschienen-Anordnung zeigte sich das aus Messungen gewonnene Ortsnetzlastmodell L_REA als kritischster Fall der Detektion. Daher wird im zweiten Untersuchungsszenario ein generisches MS-Verteilnetz umgesetzt und ausschließlich das Ortsnetz-Lastmodell implementiert. In diesem Szenario sollen vorrangig die Wechselwirkung der DEA untereinander und die Bedeutung der Verteilung und Anzahl der DEA untersucht werden. Auch der Einfluss des elektrischen Netzes selbst, welcher durch die Leitungen und Transformatoren hinzukommt, kann mit diesem Szenario abgebildet werden.

Mit den neu eingeführten Bewertungskriterien SI_{NDZ} und TI_{NDZ} können die Wirksamkeit und die Geschwindigkeit verschiedener IDV objektiv miteinander verglichen und somit umfangreich bewertet werden. Diese beiden Größen können unabhängig vom Untersuchungsszenario ermittelt werden und sind daher auch ohne weiteres auf andere Anordnungen übertragbar. Weitere Aspekte, die durch diese beiden Parameter jedoch nicht bewertet werden können, sind das Auftreten von Überfunktionen im Normalbetrieb der DEA und mögliche Auswirkungen auf die Power Quality. Zu diesen beiden Aspekten werden daher im Rahmen dieser Arbeit ausschließlich qualitative Aussagen getroffen.

6 Bewertung von Inselnetzdetektionsverfahren

Mit den Ergebnissen aus Kapitel 3, Kapitel 4 und Kapitel 5, die in Bild 6-1 zusammengefasst sind und auch die Erkenntnisse aus Kapitel 2 verarbeiten, wird in diesem Kapitel umfassend die ungewollte Inselnetzbildung untersucht. Zunächst erfolgt eine analytische Berechnung der Ein-Sammelschienen-Anordnung ohne zusätzliche IDV, um die ersten Ergebnisse der sich daran anschließenden Simulation verifizieren und die Wirkungskette der auftretenden Übergangs- und Ausgleichsvorgänge analysieren zu können. Im Anschluss daran werden die Ergebnisse umfangreicher Simulationen der IDV aus Abschnitt 2.3.1 dargestellt und interpretiert. Für die untersuchten IDV

- Spannungs- und Frequenzschutz (DP_UFS),
- Frequenz-Shift (DA_FS),
- Phasen-Shift (DA_PS),
- $Q(f)$-Regelung (DA_QFR),
- Modulation von $\cos\varphi$ / $\sin\varphi$ (DA_MPH),
- Impedanzzuschaltung (DA_IZ) und
- Phasensprung-Detektion (DP_PSD)

werden die Bewertungsparameter SI_{NDZ} und TI_{NDZ} ermittelt, welche eine objektive Bewertung und einen Vergleich ermöglichen.

KAPITEL 3 Modellierung dezentraler Erzeugungsanlagen	KAPITEL 4 Modellierung elektrischer Lasten	KAPITEL 5 Entwicklung von Szenarien und Bewertungskriterien
Erzeugungsanlagen: - G_WR (über Wechselrichter) - G_ASG (Generator direkt) **Anforderungen:** - $P(f)/Q(U)$-Regelung - dynamische Netzstützung	**Lastmodelle:** - L_RLC (RLC-Parallelschaltung) - L_RL (RL-Parallelschaltung) - L_REA (Ortsnetzlastmodell aus Messungen)	**Szenarien:** - Ein-Sammelschienen-Anordnung - Generisches Verteilnetz **Bewertungskriterien:** - SI_{NDZ} (Wirksamkeit) - TI_{NDZ} (Geschwindigkeit)

Bild 6-1: Zusammenfassung der Ergebnisse aus den Kapiteln 3, 4 und 5

6.1 Analytische Berechnung einfacher Anordnungen

Für einfache Anordnungen von DEA und Lasten ist es möglich, analytische Untersuchungen zur ungewollten Inselnetzbildung durchzuführen. Im Folgenden soll dies für die Szenarien SE_WR_RL und SE_WR_RLC aus Abschnitt 5.1 durchgeführt werden. Die Leistungseinspeisung der DEA wird dabei als konstant angenommen. Der ES der DEA wird berücksichtigt, bei Verletzung der Spannungs- und Frequenzgrenzen aus Tabelle 3-3 führt dieser zur Abschaltung. In der analytischen Untersuchung werden jedoch ausschließlich die stationären Endwerte von Spannung und Frequenz berechnet, deswegen kann in dieser analytischen Untersuchung nicht beurteilt werden, welches Schutzkriterium als erstes anspricht. Im Rahmen der Auswertung wird daher angenommen, dass der Frequenzschutz vor dem Spannungsschutz reagiert. Da nur die stationären Endwerte von U und f berechnet werden und damit keine kurzzeitigen Verletzungen der Spannungs- und Frequenzgrenzen erfasst werden, können die analytisch ermittelten

NDZ in manchen Fällen tendenziell etwas größer als die aus den EMT-Simulationen resultierenden NDZ sein.

Allgemein müssen in einem Inselnetz die Leistungsbilanzen aus den Gln. (5-1) und (5-2) erfüllt sein. Da es keine Verbindung zum vorgelagerten Netz mehr gibt, entfallen die Anteile ΔP und ΔQ und es ergeben sich für die konkreten Anordnungen die Leistungsbilanzen in den Gln. (6-1) und (6-2).

$$0 = P_{\mathrm{DEA}} - P_{\mathrm{R}} \tag{6-1}$$

$$0 = Q_{\mathrm{DEA}} + Q_{\mathrm{C}} - Q_{\mathrm{L}} \tag{6-2}$$

6.1.1 Wirkleistung

Für die Lasten L_RL und L_RLC kann die Wirkleistungsbilanz in Gl. (6-3) aufgestellt werden. Nach der Spannung umgeformt ergibt sich Gl. (6-4). Aus dieser Beziehung wird ersichtlich, dass die im Inselnetz resultierende Spannung nur von der eingespeisten und von der Last aufgenommenen Wirkleistung abhängt. Eine Einschränkung dieses Zusammenhangs ergibt sich durch die $P(f)$-Vorgabe nach Gl. (3-2). Durch diese muss bei einer Überschreitung von 50,2 Hz eine Abregelung von P_{DEA} erfolgen. Somit weist die ansonsten konstante Leistung P_{DEA} bei f > 50,2 Hz zusätzlich eine Frequenzabhängigkeit auf. Um den Einfluss der $P(f)$-Vorgabe zu verdeutlichen, wird die Berechnung sowohl mit aktivierter als auch mit deaktivierter $P(f)$-Vorgabe durchgeführt.

$$0 = P_{\mathrm{DEA}} - \frac{U_{\mathrm{LL}}^2}{R} \tag{6-3}$$

$$U_{\mathrm{LL}} = \sqrt{P_{\mathrm{DEA}} \cdot R} \tag{6-4}$$

Aufgrund der zusätzlichen Frequenzabhängigkeit von P_{DEA} durch die $P(f)$-Vorgabe kann die Berechnung von f und U im Inselnetz nicht mehr in einem einzigen Berechnungsschritt erfolgen. Stattdessen erfolgt eine iterative Berechnung bis zum Abbruchkriterium (sowohl U als auch f verändern sich um weniger als 0,1% pro Berechnungsschritt).

Mit Gl. (6-4) zeigt sich bereits, dass durch die fehlende Trägheit großer elektrischer Maschinen in vielen elektrischen Inselnetzen der im Verbundnetz zu beobachtende Zusammenhang zwischen Frequenz und Wirkleistung nicht oder nur sehr begrenzt auftritt.

6.1.2 Blindleistung für RLC-Parallelschaltung

Mit der Last L_RLC ergibt sich die Blindleistungsbilanz in Gl. (6-5). Diese kann durch Lösung der quadratischen Gleichung nach der Frequenz in Gl. (6-6) aufgelöst werden. Die zweite Lösung der quadratischen Gleichung ergibt negative Frequenzen und wird nicht weiter betrachtet. Mit der Annahme $Q_{\mathrm{DEA}} = 0$, also keinem Blindleistungsanteil der DEA, vereinfacht sich die Berechnung zu Gl. (6-7). Dies entspricht erwartungsgemäß der Resonanzfrequenz der Parallelschaltung aus Induktivität und Kapazität. Die Frequenz im ungewollten Inselnetz ohne Blindleistungsbeitrag durch DEA stellt sich demnach ausschließlich in Abhängigkeit der Elemente L und C ein. Eine Spannungsänderung im Inselnetz verändert aufgrund der Parallelschaltung von L und C den induktiven und kapazitiven Blindleistungsbedarf gleichartig. Daher ist die Blindleistungsbilanz der Parallelschaltung unabhängig von der Spannungshöhe und wirkt damit nicht auf andere physikalische Kenngrößen, wie z.B. die Frequenz zurück. Bei einer konstanten Blindleistungsbereitstellung durch die DEA kann die Blindleistungsbilanz nur durch eine Veränderung der Frequenz im Inselnetz erreicht werden.

$$0 = Q_{\mathrm{DEA}} + U_{\mathrm{LL}}^2 \omega C - \frac{U_{\mathrm{LL}}^2}{\omega L} \tag{6-5}$$

$$f = \frac{Q_{\mathrm{DEA}}}{4\pi \cdot U_{\mathrm{LL}}^2 \cdot C} + \frac{1}{2\pi}\sqrt{\frac{Q_{\mathrm{DEA}}^2}{4 \cdot U_{\mathrm{LL}}^4 \cdot C^2} + \frac{1}{L \cdot C}} \tag{6-6}$$

$$f = \frac{1}{2\pi\sqrt{L \cdot C}} \tag{6-7}$$

Für das Szenario SE_WR_RLC wurden die in Abschnitt 5.2 vorgestellten Untersuchungsfälle, die mit dem Raster in Bild 5-3 schematisch dargestellt wurden, berechnet. Dabei ergaben sich die NDZ in Bild 6-2. In Bild 6-2a ist deutlich zu erkennen, dass für L_RLC die Spannung ausschließlich von der Wirkleistungsbilanz und die Frequenz ausschließlich von der Blindleistungsbilanz abhängt. Die Abschaltungen bei unausgeglichener Blindleistung erfolgen demnach im Wesentlichen durch das Frequenzkriterium und bei sehr unausgeglichener Wirkleistung durch das Spannungskriterium.

Wird zusätzlich die $P(f)$-Vorgabe berücksichtigt, so ergibt sich die verkleinerte NDZ in Bild 6-2b. Die zusätzlichen Abschaltungen resultieren daraus, dass bei Überfrequenz ($Q_{\mathrm{L}} > Q_{\mathrm{C}}$) zusätzlich die eingespeiste Wirkleistung P_{DEA} reduziert wird. Dies führt nach Gl. (6-4) zu einem Absinken der Spannung im Inselnetz und damit in einigen Situationen zum Ansprechen des $U<$-Kriteriums. Bei der Modellierung von Belastungen durch L_RLC führt die $P(f)$-Vorgabe demnach zu einer Reduzierung der NDZ. Die Modellierung der Belastung durch L_RLC führt also zu geringeren Anforderungen an IDV.

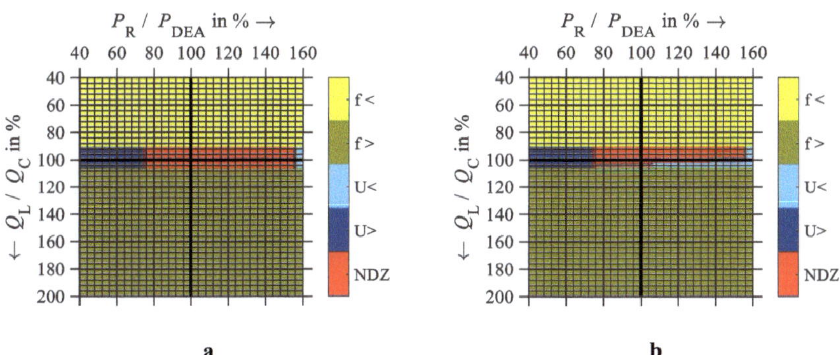

Bild 6-2: Analytisch bestimmte NDZ bei SE_WR_RLC; **a** ohne $P(f)$-Vorgabe; **b** mit $P(f)$-Vorgabe

6.1.3 Blindleistung für RL-Parallelschaltung

Für L_RL kann die Blindleistungsbilanz mit Gl. (6-8) angegeben werden, da es keinen kapazitiven Anteil der Last gibt. Bei einem Blindleistungsdefizit im ungewollten Inselnetz stellt sich damit die in Gl. (6-9) dargestellte Frequenz ein. Für die Bilanz der Wirkleistung gilt, wie bereits dargestellt, weiterhin die Gl. (6-2).

Im Gegensatz zu L_RLC entsteht hierbei eine zusätzliche Abhängigkeit der Frequenz von U_{LL}, da der Blindleistungsanteil Q_{DEA} unabhängig von der Spannung konstant bleibt, während sich Q_L proportional zu U_{LL}^2 verändert.

$$0 = Q_{DEA} - \frac{U_{LL}^2}{\omega L} \tag{6-8}$$

$$f = \frac{U_{LL}^2}{2\pi L \cdot Q_{DEA}} \tag{6-9}$$

Es ergibt sich für L_RL ohne $P(f)$-Vorgabe die NDZ in Bild 6-3a. Die Spannung im Inselnetz und damit das Erreichen der Grenzen des Spannungskriteriums hängt weiterhin nur von der Unausgeglichenheit der Wirkleistungsbilanz ab. Die Frequenz hingegen wird sowohl von der Blind- als auch von Wirkleistungsbilanz beeinflusst. Dieser Einfluss wird sofort ersichtlich, wenn Gl. (6-4) in Gl. (6-9) eingesetzt wird, wie in Gl. (6-10) zu sehen ist. Es ergeben sich damit auch sehr unausgeglichene Leistungsbilanzen von P und Q, die trotzdem zu einem ungewollten Inselnetz führen können.

$$f = \frac{R \cdot P_{DEA}}{2\pi L \cdot Q_{DEA}} \tag{6-10}$$

Die $P(f)$-Vorgabe in Bild 6-3b führt in diesem Szenario zu einer erheblichen Vergrößerung der NDZ. In zahlreichen Situationen, in denen normalerweise der Überfrequenzschutz reagiert hätte, können ungewollte Inselnetze nicht mehr durch Spannungs- und Frequenzkriterium detektiert werden. Wenn die Frequenz 50,2 Hz überschreitet, wird P_{DEA} reduziert, was in vielen Fällen mit einem Überschuss an Wirkleistung ($P_R < P_{DEA}$) zu einer ausgeglichenen Leistungsbilanz innerhalb der Grenzen des ES führt. Zusätzlich führt die Verringerung von P_{DEA} über Gl. (6-10) wiederum zu einem Absinken der Frequenz im Inselnetz. Die $P(f)$-Vorgabe kann damit indirekt dem Ansteigen der Frequenz im Inselnetz entgegenwirken, obwohl sich im untersuchten Teilnetz keine trägheitsbehafteten Betriebsmittel befinden. Damit wird eine ähnliche Wirkung wie im Verbundbetrieb erreicht, aber nicht aufgrund der rotierenden Massen im Netz, sondern über den Umweg der Blindleistungsbilanz, die sich im ungewollten Inselnetz über das Verhalten der EL und die Betriebsweise der DEA selbst ausgleicht.

Da die im realen Netz zu erwartende Last eher L_RL als L_RLC entspricht, legt bereits die vereinfachte analytische Berechnung die Vermutung nahe, dass L_RLC nicht als alleiniges worst-case Szenario zur Bewertung von IDV geeignet ist. Dies ist jedoch bislang in der gängigen Prüfmethode in Abschnitt 2.3.2 üblich. Insbesondere die $P(f)$-Vorgabe hat bei L_RL einen erheblich größeren Einfluss als bisher angenommen. Die analytisch bestimmte NDZ ist bei SE_WR_RL mit $P(f)$-Vorgabe 7,44-mal größer als ohne.

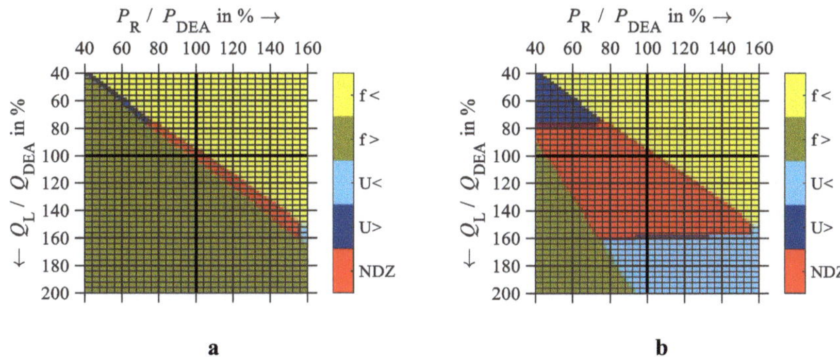

Bild 6-3: Analytisch bestimmte NDZ bei SE_WR_RL; **a** ohne $P(f)$-Vorgabe; **b** mit $P(f)$-Vorgabe

6.2 Bewertung ohne zusätzliche Detektionsverfahren

Für die Szenarien aus Abschnitt 5.1 wurden Simulationsreihen durchgeführt. Im Folgenden werden zunächst die Ergebnisse der Ein-Sammelschienen-Simulationen, die ausschließlich den in jedem ES vorhandenen Spannungs- und Frequenzschutz (DP_UFS) berücksichtigen, vorgestellt. Diese grundlegenden Ergebnisse werden als Referenzgrößen für alle weiteren IDV verwendet und stellen somit den „Standardzustand" ohne zusätzliche IDV dar.

6.2.1 Leistungsbereitstellung ausschließlich über Wechselrichter (G_WR)

Lastmodell L_RL

Die Ergebnisse der Simulationsreihe für den grundlegenden Spannungs- und Frequenzschutz und das Szenario SE_WR_RL sind in Bild 6-4 dargestellt. Für jedes Last- und Erzeugerszenario werden dabei rund 10.000 Simulationen durchgeführt. In der Darstellung stellt jedes der farbigen Quadrate das Ergebnis einer Simulation dar, wobei die Schrittweite für ΔP und ΔQ jeweils 1 % beträgt.

Konnte die elektrische Insel innerhalb von 5 s nach Trennung vom vorgelagerten Netz detektiert und abgeschaltet werden, so wird das Abschaltkriterium in Bild 6-4a und die Abschaltzeit in Bild 6-4b dargestellt. Nichtdetektierte Inselnetze werden als rote Kästchen gekennzeichnet. Es ist zu erkennen, dass auch sehr unausgeglichene Fälle (beispielsweise 50 % Abweichung für P und Q) existieren, in denen die Detektion nicht erfolgreich ist. Ein wesentlicher Grund dafür ist die $P(f)$-Vorgabe nach Gl. (3-2), die zur Stabilisierung ungewollter Inselnetze führen kann. Dies wurde bereits bei der analytischen Untersuchung in Abschnitt 6.1.3 ausführlich erläutert. Im Vergleich zwischen Bild 6-3b und Bild 6-4a zeigt sich, dass mit der analytischen Berechnung eine gute Näherung für die NDZ erzielt wurde. Die NDZ als Ergebnis der Simulationen sind kleiner, da kurzzeitige Grenzwertverletzungen im Rahmen der Übergangsvorgänge in den EMT-Simulationen berücksichtigt werden und damit ebenfalls zur Abschaltung führen können, während die analytische Berechnung nur die stationären Endwerte betrachtet.

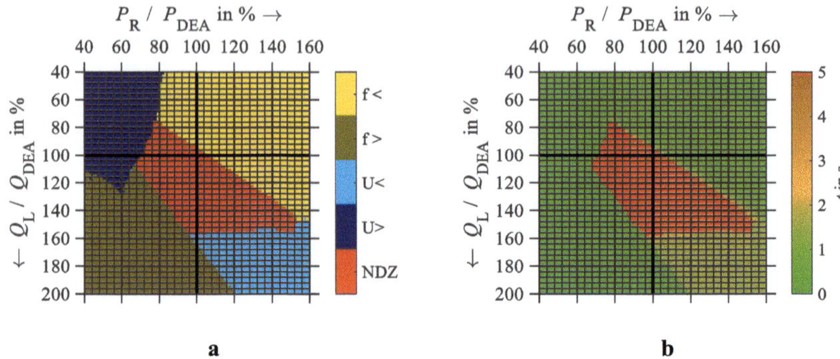

Bild 6-4: Nichtdetektierbare Zone bei Einspeisung über einen Wechselrichter und L_RL (SE_WR_RL); **a** Abschaltkriterium; **b** Detektionszeit

Der Einfluss der $P(f)$-Vorgabe wird auch in den Zeitverläufen in Bild 6-5 für den Fall $P_R / P_{DEA} = 80\ \%$ und $Q_L / Q_{DEA} = 110\ \%$ deutlich. Zum Zeitpunkt $t = 0$ s erfolgt die Trennung vom vorgelagerten Netz. Da $P_R < P_{DEA}$ gilt, steigt die Spannung im Inselnetz in Bild 6-5a zunächst sehr schnell an. Um eine ausgeglichene Blindleistungsbilanz zu erreichen steigt die Frequenz in Bild 6-5b ebenfalls an. Ohne $P(f)$-Vorgabe führt dies zu einem Anstieg der Frequenz auf Werte oberhalb von 51,5 Hz und damit zu einer Trennung der DEA vom Netz. Mit $P(f)$-Vorgabe hingegen wird beim Überschreiten von 50,2 Hz zum Zeitpunkt t_1 die eingespeiste Leistung P_{DEA} reduziert. In der Folge davon sinkt die Spannung im Inselnetz ab, wodurch eine ausgeglichene Blindleistungsbilanz erzielt wird ohne das Frequenzkriterium zu verletzen. Damit kann es zu keiner Abschaltung kommen und der Fall muss der NDZ zugeordnet werden.

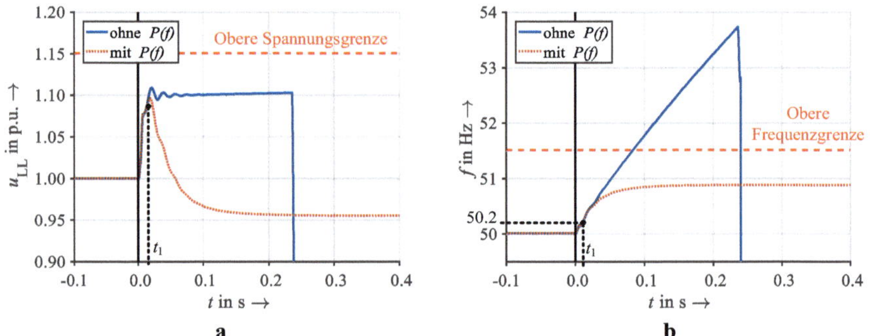

Bild 6-5: Zeitverläufe in einem ungewollten Inselnetz mit und ohne $P(f)$-Vorgabe für L_RL; **a** Spannungsverlauf; **b** Frequenzverlauf

Lastmodell L_RLC

Im Gegensatz zu L_RL ergibt sich bei L_RLC die NDZ in Bild 6-6a. Es ist zu erkennen, dass für diese Lastmodellierung, die auch in den Standardprüfungen der IDV nach Abschnitt 2.3.2 verwendet wird, eine erheblich kleinere NDZ auftritt. Die $P(f)$-Vorgabe führt in diesem Szenario außerdem dazu, dass eine größere Anzahl der Fälle detektiert werden kann. Da bei $f > 50{,}2$ Hz die Wirkleistung abgeregelt werden muss, sinkt die Spannung im elektrischen Inselnetz erheblich ab. Dies führt in zusätzlichen Kombinationen mit $Q_L > Q_C$, die ohne $P(f)$-Vorgabe nicht detektiert werden könnten, zum Anregen des Unterspannungskriteriums. Im Vergleich zwischen der analytisch bestimmten NDZ in Bild 6-2b und dem Ergebnis der Simulation in Bild 6-6a zeigt sich eine gute Übereinstimmung zwischen analytischer Lösung und der Simulation. Es ergeben sich außerdem für L_RLC die Abschaltzeiten in Bild 6-6b

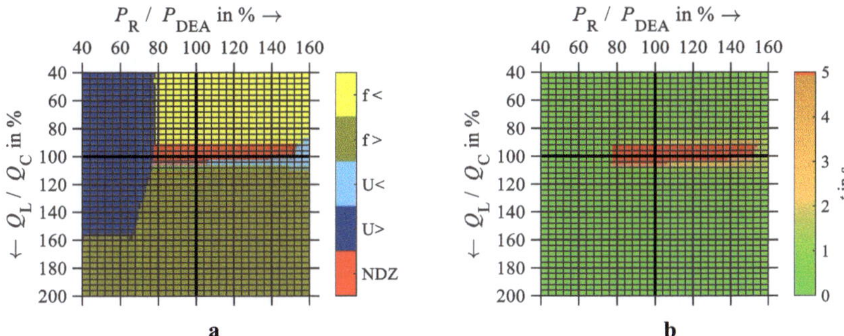

Bild 6-6: NDZ bei Einspeisung über einen Wechselrichter und L_RLC (SE_WR_RLC); **a** Abschaltkriterium; **b** Detektionszeit

Lastmodell L_REA

Unter Verwendung des neuen Lastmodells L_REA ergibt sich die NDZ in Bild 6-7a. Die NDZ ist in diesem Fall erheblich größer als bei L_RLC und entspricht mehr der Form bei dem Lastmodell L_RL. Damit kann auch die These bestätigt werden, dass ausschließliche Tests mit dem Lastmodell L_RLC nicht genügen um die Wirksamkeit von IDV nachzuweisen.

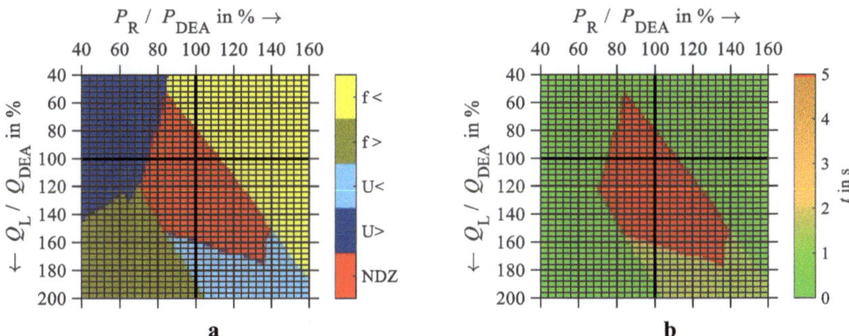

Bild 6-7: NDZ bei Einspeisung über einen Wechselrichter und L_REA (SE_WR_REA); **a** Abschaltkriterium; **b** Detektionszeit

Der Selbstregeleffekt aufgrund der Spannungs- und Frequenzabhängigkeit von realen EL kann demnach eine Stabilisierung von ungewollten Inselnetzen bewirken. Die NDZ ist in diesem Fall flächenmäßig bei L_REA 25 % größer als bei L_RL und stellt damit die kritischste Lastmodellierung dar.

6.2.2 Leistungsbereitstellung über Wechselrichter und Asynchrongenerator (G_WRA)

Wird das untersuchte Testnetz nicht ausschließlich über DEA mit Wechselrichter, sondern auch über direkt angeschlossene Asynchrongeneratoren versorgt, so verändert sich das Verhalten im Fall einer Trennung vom vorgelagerten Netz. Es wird dabei davon ausgegangen, dass 75 % der Wirkleistung weiterhin von G_WR und die restlichen 25 % von G_ASG zur Verfügung gestellt werden.

Die Form der NDZ für L_REA in Bild 6-8a ähnelt sehr der NDZ in Bild 6-7a, ist aber rund 27 % größer, da sich insbesondere in Situationen mit größeren Differenzen zwischen Q_L und Q_{DEA} ungewollte Inselnetze bilden können. Demnach bewirkt die zusätzliche Trägheit des Generators eine weitere Stabilisierung von ungewollten Inselnetzen. Außerdem ist die NDZ im Vergleich zur Variante ohne G_ASG in geringem Maße im Uhrzeigersinn um den 100 %-Punkt der Wirk- und Blindleistungsbilanz gedreht.

Einen größeren Einfluss hat der Anteil generatorischer Einspeisung bei der Simulation mit dem Lastmodell L_RLC in Bild 6-8b. Die NDZ vergrößert sich mit diesem Lasttyp auf das 3,4fache verglichen mit der reinen Wechselrichtereinspeisung. Verglichen mit L_REA ist die NDZ von L_RLC jedoch trotzdem wesentlich kleiner. Die bereits erwähnte Drehung um den 100 %-Punkt ist auch hier festzustellen.

Allgemein ist festzustellen, dass die NDZ durchgängig für alle Lasttypen mit der Einspeisung G_WRA größer ist als mit G_WR.

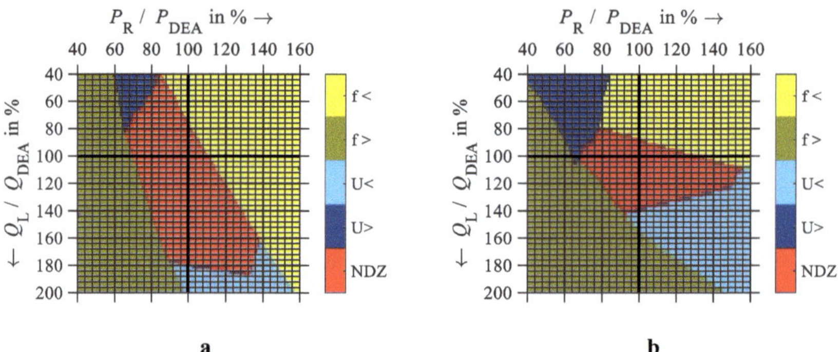

Bild 6-8: NDZ bei Einspeisung über einen Wechselrichter und einen Asynchrongenerator (G_WRA); **a** L_REA; **b** L_RLC

6.2.3 Detektionszeiten als Summenhäufigkeitsfunktion

Die Abschaltung erfolgt in den meisten Fällen sehr schnell innerhalb der ersten Sekunde nach der Trennung vom vorgelagerten Netz. Eine markante Ausnahme bilden Konstellationen, in denen die Abschaltung durch das Unterspannungskriterium erfolgt. Durch die Forderung des FRT treten zwangsläufig größere Abschaltzeiten auf. Dies wird auch in den Summenhäufigkeitsfunktionen $F(t)$ der Abschaltzeiten verschiedener DEA- und EL-Szenarien in Bild 6-9a-c deutlich. Nach ungefähr 1,5 s erfolgen dabei die Entkupplungen aufgrund des U<-Kriteriums.

Vergleicht man die verschiedenen Lastmodelle in Bild 6-9c untereinander, so erweist sich die in den Prüfmethoden als worst-case angenommene L_RLC auch hier als unkritischster Fall mit der kleinsten NDZ (entspricht dem höchsten Wert bei $F(5\text{s})$) und den schnellsten Abschaltungen. Wesentlich größer sind die NDZ in den Fällen L_RL und L_REA. Insbesondere die Szenarien mit der gemischten Einspeisung G_WRA führen zu vielen Situationen, in denen keine erfolgreiche Abschaltung des Inselnetzes möglich ist, wie in Bild 6-9a und b zu sehen ist.

Für den Spannungs- und Frequenzschutz (DP_UFS) wurden die in Abschnitt 5.1.2 vorgestellten Bewertungskriterien berechnet und in Tabelle 6-1 dargestellt. Als Größe der Referenz-NDZ für die sechs untersuchten Szenarien der Ein-Sammelschienen-Anordnung ergibt sich nach Gl. (5-3) $A_{\text{NDZ ref}} = 3818$ sq%, was umgerechnet einer quadratischen NDZ mit der Seitenlänge 61,8% entspricht. Als durchschnittliche Detektionszeit berechnet sich nach Gl. (5-6) und mit der gesamten Summenhäufigkeitsfunktion in Bild 6-9d der Wert $t_{\text{D ref}} = 352$ ms. Zielstellung zusätzlicher IDV ist demnach diese beiden Werte zu verringern und damit nach den Gln. (5-4) und (5-7) SI_{NDZ} und TI_{NDZ} kleiner als Eins zu erzielen.

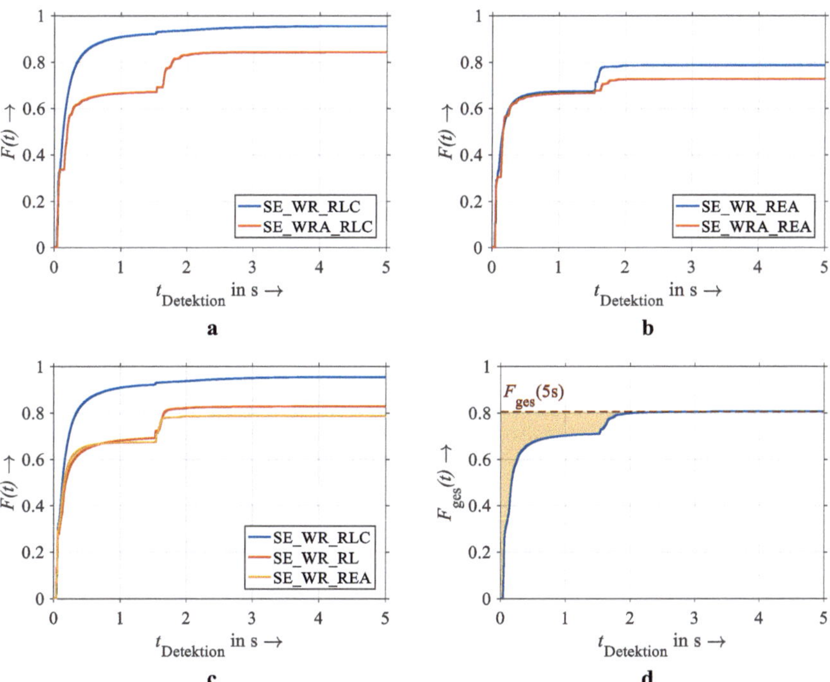

Bild 6-9: Summenhäufigkeitsfunktion der Detektionszeiten bei Spannungs- und Frequenzschutz (DP_UFS); **a** mit L_RLC und verschiedenen DEA; **b** mit L_REA und verschiedenen DEA; **c** mit G_WR und verschiedenen EL; **d** Gesamt-Summenhäufigkeitsfunktion für alle Szenarien

Tabelle 6-1: Bewertungskriterien für die Ein-Sammelschienen-Anordnung und DP_UFS

Szenario	A_{NDZ} in sq%	t_D in ms
SE_WR_RLC	924	257
SE_WR_RL	3384	423
SE_WR_REA	4208	345
SE_WRA_RLC	3116	482
SE_WRA_RL	5858	332
SE_WRA_REA	5408	269
Referenz	3818	352

6.3 Bewertung bei Einsatz zusätzlicher Detektionsverfahren

6.3.1 Ein-Sammelschienen-Anordnung

Die grundlegende Beeinflussung der NDZ durch die untersuchten IDV kann aus den in Bild 6-10 dargestellten NDZ für den Fall SE_WR_REA interpretiert werden. Die genutzten Abkürzungen der IDV aus A.1 sind:

- DP_UFS   Spannungs- und Frequenzschutz
- DA_FS   Frequenz-Shift
- DA_PS   Phasen-Shift
- DA_QFR $Q(f)$-Regelung
- DA_MPH   Modulation von $\cos\varphi\,/\,\sin\varphi$
- DA_IZ   Impedanzzuschaltung
- DP_PSD   Phasensprung-Detektion

Der grundlegende ES mit DP_UFS ist dabei in alle Simulationen immer aktiv.

DA_FS, DA_PS und DA_QFR

Die drei IDV DA_FS, DA_PS und DA_QFR verschieben auf unterschiedliche Weise den Winkel der Grundschwingung des eingespeisten Stromes. Wie in den zugehörigen NDZ in Bild 6-10b-d zu sehen ist, reduzieren alle drei IDV die NDZ im Vergleich zum Referenzfall mit DP_UFS in Bild 6-10a erheblich. Es zeigt sich bereits, dass mit DA_QFR für diese Szenarien alle Fälle detektiert werden konnten, während bei DA_FS die meisten undetektierten Inselnetze bestehen bleiben. Die direkte Änderung der eingespeisten Blindleistung ist die effektivste Möglichkeit, um unabhängig vom Arbeitspunkt der DEA maximale Frequenzveränderungen im Inselnetz zu bewirken. Gleichzeitig sind die Rückwirkungen auf das elektrische Netz im Verbundbetrieb minimal, da bei DA_QFR kein verzerrter Strom oder eine abweichende Frequenz eingespeist werden.

DA_MPH

Mit DA_MPH in Bild 6-10e können für SE_WR_REA fast alle Fälle detektiert werden. Es gibt nur wenige Situationen mit $Q_\mathrm{L} > Q_\mathrm{DEA}$, in denen die Modulation der eingespeisten Spannung mit einem 100-Hz-Anteil nicht zu einer erfolgreichen Detektion führt.

DA_IZ

Mit DA_IZ können, wie in Bild 6-10f dargestellt, mehr Fälle als mit DP_UFS detektiert werden. Allerdings verbleiben auch mit einer relativ großen zugeschalteten Impedanz noch viele ungewollte Inselnetze undetektiert. Ein positiver Effekt von DA_IZ ist jedoch, dass der Fall mit hundertprozentig ausgeglichenen Wirk- und Blindleistungsbilanzen erfolgreich detektiert werden kann.

DP_PSD

In Bild 6-10g ist zu erkennen, dass mit DP_PSD zahlreiche zusätzliche Fälle zuverlässig detektiert werden konnten. Der große Vorteil von DP_PSD liegt dabei insbesondere in der Geschwindigkeit der Detektion. Der Phasensprung wird innerhalb weniger Millisekunden erfasst, sodass die meisten Inselnetze schon nach 10 ms beendet werden konnten.

Summenhäufigkeitsfunktion

In Bild 6-10h sind für alle angewandten IDV die Gesamt-Summenhäufigkeitsfunktionen nach Gl. (5-5) dargestellt (Einzeldarstellungen in Anhang A.10). Zusätzlich zur Wirksamkeit der IDV nach 5 s können darin bereits die unterschiedlichen Detektionszeiten verglichen werden. Das Verfahren DP_PSD tritt dabei als schnellste Variante deutlich hervor, während DA_IZ erwartungsgemäß am langsamsten reagiert. Die sich mit diesen Summenhäufigkeitsfunktionen aus allen Szenarien in Tabelle 5-1 ergebenden Bewertungskriterien der untersuchten IDV sind in Tabelle 6-2 eingetragen.

Die Referenzparameter mit DP_UFS und ohne zusätzliche IDV sind $A_{\text{NDZ ref}} = 3818$ sq% und $t_{\text{D ref}} = 352$ ms. Alle zusätzlichen IDV sind in der Lage die NDZ in gewissem Maße zu reduzieren. Die Detektionszeit t_{D} kann ebenfalls mit vielen IDV reduziert werden. Eine Ausnahme bildet hierbei, wie bereits in Bild 6-10h zu sehen war, DA_IZ. Dieses Verfahren verringert zwar die NDZ, die Abschaltung der Inselnetze erfolgt jedoch in vielen Fällen verzögert, da die Impedanz in der Untersuchung erst nach 2,5 s zugeschaltet wurde. Eine schnellere Zuschaltung könnte jedoch ungewollt bereits unausgeglichene Leistungsbilanzen, die zu einer Auslösung durch das Unterspannungskriterium führen würden, stabilisieren und ist damit nicht sinnvoll.

Tabelle 6-2: Vergleich der Bewertungskriterien für die untersuchten IDV in der Ein-Sammelschienen-Anordnung

IDV	NDZ Fläche			Durchschnittliche Detektionszeit			Einfluss im Normalbetrieb
	A_{NDZ} in sq%	SI_{NDZ}	Rang	t_{D} in ms	TI_{NDZ}	Rang	
DP_UFS	3818	1,00	7	352	1,00	6	Kein Einfluss
DA_FS	971	0,25	4	202	0,57	2	Destabilisierung
DA_PS	450	0,12	3	217	0,62	3	Geringe Destabilisierung
DA_QFR	75	0,02	1	278	0,79	5	Geringe Destabilisierung
DA_MPH	2537	0,66	6	244	0,69	4	Anstieg *THD* (Harmonische Verzerrung)
DA_IZ	1994	0,52	5	604	1,72	7	Kein Einfluss
DP_PSD	404	0,11	2	85	0,24	1	Kein Einfluss

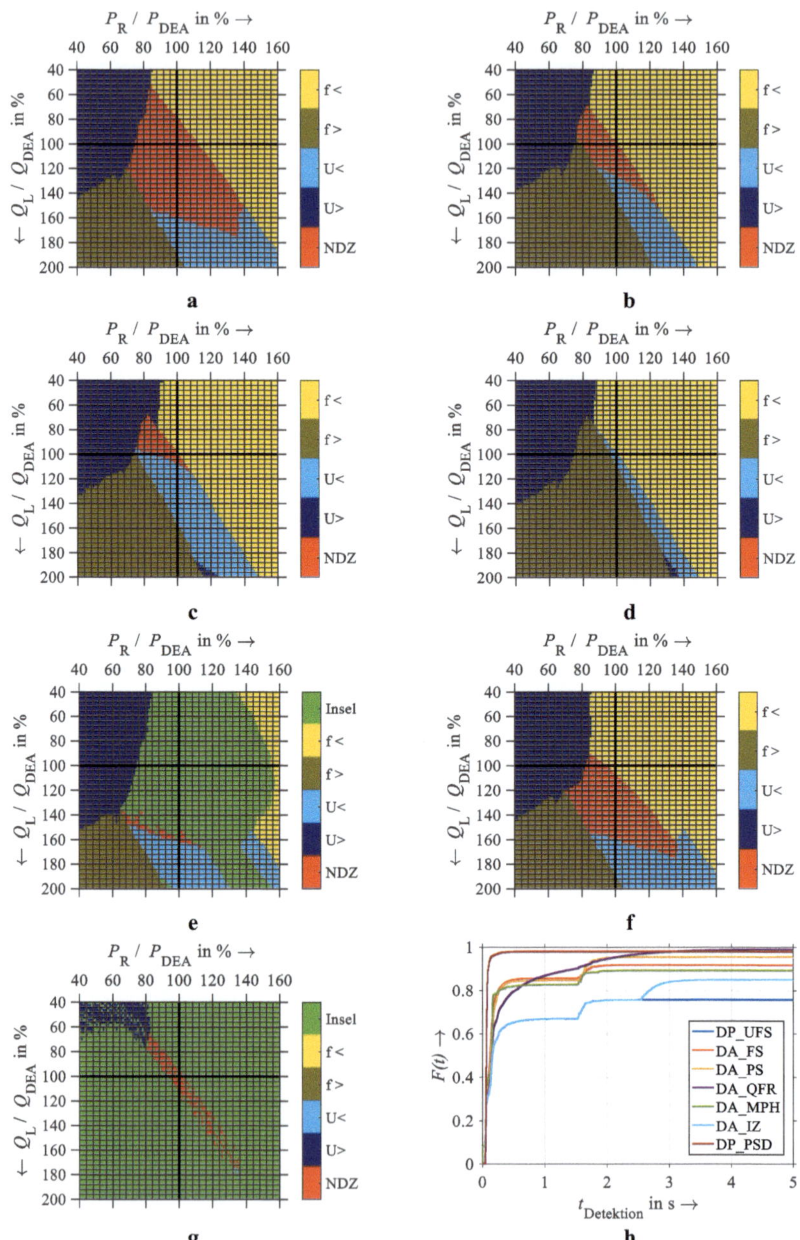

Bild 6-10: Nichtdetektierbare Zonen der unterschiedlichen IDV für die Ein-Sammelschienen-Anordnung; **a** DP_UFS; **b** DA_FS; **c** DA_PS; **d** DA_QFR; **e** DA_MPH;
f DA_IZ; **g** DP_PSD; **h** Gesamt-Summenhäufigkeitsfunktion für alle IDV

Anhand der Parameter SI_{NDZ} und TI_{NDZ} in Tabelle 6-2 wurde den IDV eine Platzierung zugewiesen, die in Bild 6-11 zusätzlich als Balkendiagramm veranschaulicht wird. Es zeigt sich, dass die NDZ mit dem Verfahren DA_QFR am wirksamsten reduziert werden kann. Es gibt lediglich sehr ausgeglichene Inselnetzfälle für das Szenario SE_WRA_REA, die nicht mit dieser Methode abgeschaltet werden können. Mit dem Verfahren des Phasensprungs DP_PSD kann hingegen die Detektionszeit am effektivsten verringert werden. Auch die NDZ ist für dieses Verfahren sehr klein. Es ist jedoch zu beachten, dass Zu- oder Abschaltungen großer Lasten in der Nähe einer DEA ebenfalls Sprünge des Spannungszeigers bewirken können, die mit DP_PSD eine unselektive Trennung der DEA zur Folge haben können. Dieses Verfahren sollte daher in Normalfall nicht ohne weitere Bedingungen sofort zur Abschaltung führen. Eine Möglichkeit wäre die Nutzung eines detektierten Phasensprungs als Freigabesignal für zeitlich begrenzte, engere Frequenzgrenzen des ES.

Da sich DA_QFR als sehr effektives Verfahren erwiesen hat, wurde eine weitere Simulationsreihe durchgeführt. Während im ersten Durchlauf die maximal für das Verfahren zur Verfügung stehende Blindleistung auf $\cos\varphi = 0{,}95$ beschränkt wurde, wurde im zweiten Durchlauf ein minimaler Leistungsfaktor von $\cos\varphi = 0{,}90$ als Limitierung angesetzt. Die meisten Wechselrichter sind dazu praktisch in der Lage und müssten nur in ihrer Regelung darauf angepasst werden. Der Begrenzung durch die maximale Scheinleistung der DEA kann mit einer zeitweisen Reduzierung der Wirkleistungseinspeisung begegnet werden, was bei Überfrequenz durch die $P(f)$-Vorgabe bereits der Fall ist. Mit diesen Einstellungen ergeben sich die Summenhäufigkeitsfunktionen in Bild 6-12a-c und die Gesamt-Summenhäufigkeitsfunktion in Bild 6-12d. Es ist gut zu erkennen, dass hier alle Fälle detektiert werden können ($A_{NDZ} = 0$ % bzw. $SI_{NDZ} = 0$). Die Detektionszeit kann mit $t_D = 209$ ms bzw. $TI_{NDZ} = 0{,}60$ im Vergleich zur Referenz DP_UFS ebenfalls erheblich reduziert werden.

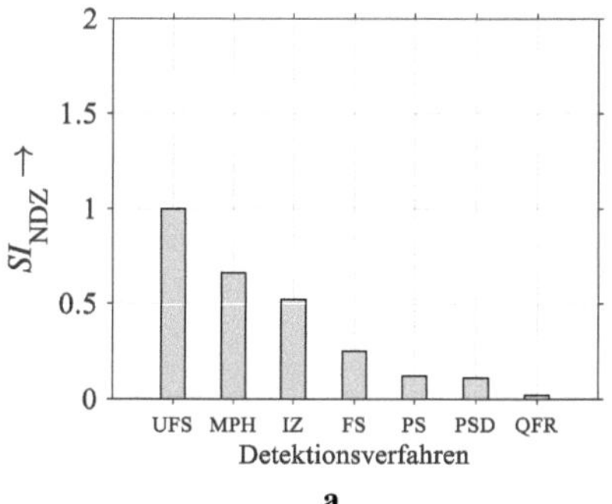

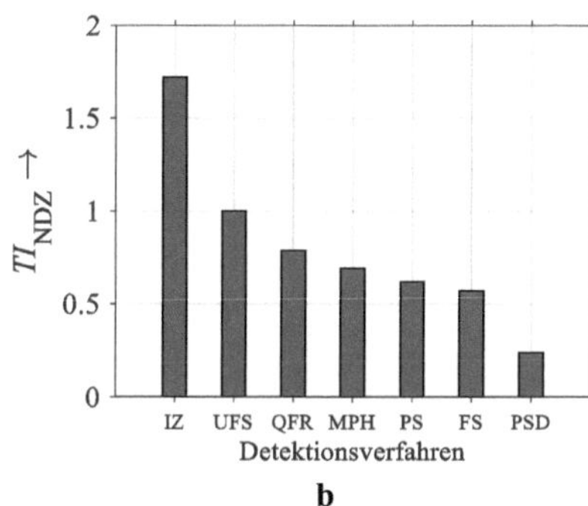

Bild 6-11: Sortierte Bewertungskriterien der verschiedenen IDV für die Ein-Sammelschienen-Anordnung; **a** Fläche der nichtdetektierbaren Zone; **b** Durchschnittliche Detektionsgeschwindigkeit

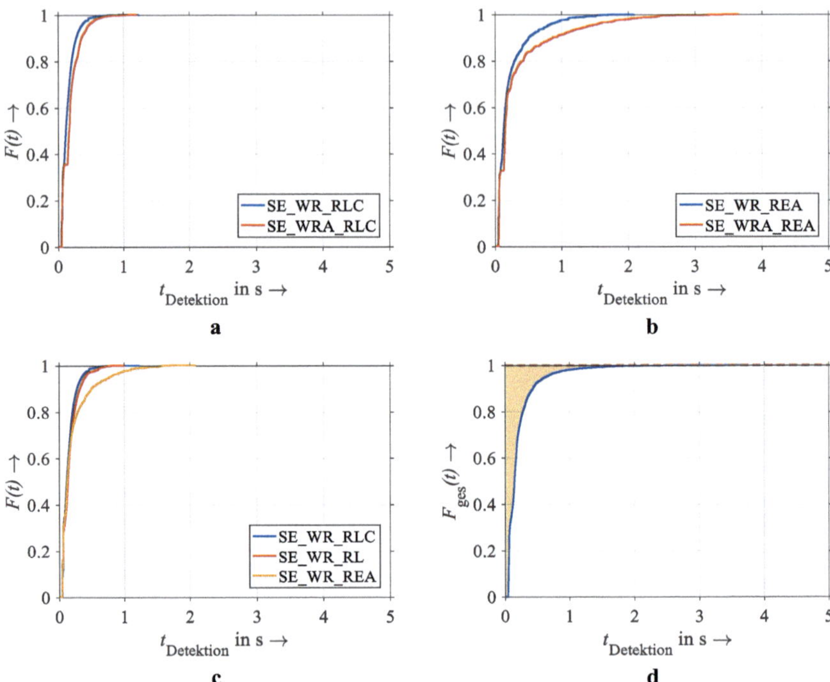

Bild 6-12: Summenhäufigkeitsfunktion der Detektionszeiten bei $Q(f)$-Regelung mit minimalem Leistungsfaktor cos $\varphi = 0{,}90$; **a** mit L_RLC und verschiedenen DEA; **b** mit L_REA und verschiedenen DEA; **c** mit G_WR und verschiedenen EL; **d** Gesamt-Summenhäufigkeitsfunktion für alle Szenarien

6.3.2 Generisches Verteilnetz

In Bild 6-13 sind exemplarisch die NDZ der untersuchten IDV für das städtische Netz und SG_WR_ZEN dargestellt. Aufgrund der erheblich größeren Komplexität des Netzes im Vergleich zur Ein-Sammelschienen-Anordnung und der sich daraus ergebenden Simulationsdauer wurde die Simulations-Schrittweite für das generische Verteilnetz auf $P_{\text{schritt}} = 5\,\%$ und $Q_{\text{schritt}} = 5\,\%$ vergrößert. Dies ist ohne weitere Anpassungen möglich, da die Berechnung der Bewertungskriterien die verwendete Schrittweite bereits berücksichtigt und ihren Einfluss eliminiert.

Es ergeben sich grundlegend die gleichen Zusammenhänge wie bereits für die Ein-Sammelschienen-Anordnung in Abschnitt 6.3.1 erläutert. Der größte Unterschied tritt für DP_PSD in Bild 6-13g auf. Die NDZ ist dabei im generischen Verteilnetz wesentlich größer. Die Ursache liegt vorrangig darin, dass der Grenzwinkel, welcher bei der Phasensprungdetektion festgelegt werden muss, im generischen Verteilnetz größer gewählt werden musste. Dies war notwendig um ein Auslösen des Kriteriums im normalen, mit dem vorgelagerten Netz verbundenen Betrieb zu vermeiden. Dies zeigt bereits die Empfindlichkeit von DP_PSD, die in ungünstigen Fällen zu einer Überfunktion führen kann.

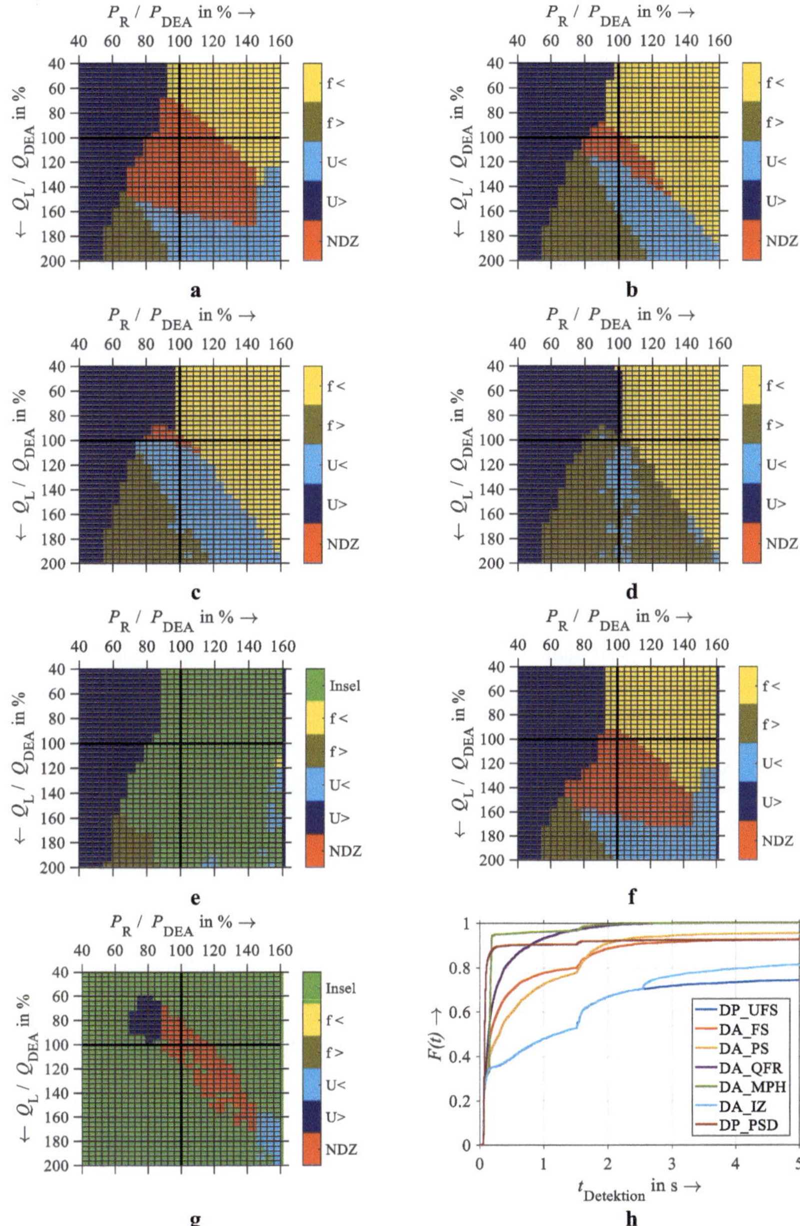

Bild 6-13: Nichtdetektierbare Zonen der unterschiedlichen IDV für das generische Verteilnetz; **a** DP_UFS; **b** DA_FS; **c** DA_PS; **d** DA_QFR; **e** DA_MPH; **f** DA_IZ; **g** DP_PSD; **h** Gesamt-Summenhäufigkeitsfunktion für alle IDV

Die Bewertungskriterien, die sich im generischen Verteilnetz für das städtische und ländliche Teilnetz ergeben, sind in Tabelle 6-3 eingetragen. Aus Tabelle 6-3 ist ersichtlich, dass insbesondere die Wirksamkeit von DA_MPH im generischen Verteilnetz erheblich größer als bei der Ein-Sammelschienen-Anordnung ist. Dies lässt sich durch den Einfluss der elektrischen Leitungen und Transformatoren, die Teil des Verteilnetzes sind, erklären. Die durch DA_MPH ins Netz eingebrachte Harmonische verursacht in diesem Fall größere Netzrückwirkungen. Diese können durch den DA_MPH-Algorithmus ausgewertet werden und in nahezu allen Fällen wird der Grenzwert des IDV überschritten und die elektrische Insel erfolgreich detektiert. Für DA_MPH muss berücksichtigt werden, dass zum einen die Power Quality durch eingespeiste harmonische Anteile im Strom verschlechtert wird, andererseits bereits im Netz vorhandene harmonische Anteile zu einer Überfunktion des IDV führen können. Dies wird im realen Netz durch die Nutzung der 2. Harmonischen weitestgehend vermieden, da im Normalbetrieb vorrangig ungeradzahlige Harmonische auftreten [58].

Betrachtet man die unbezogenen Bewertungskriterien A_{NDZ} und t_D, so fällt auf, dass die Detektion ungewollter Inselnetze mit zunehmender Größe des untersuchten Teilnetzes schwieriger und langsamer wird. Dieser Zusammenhang gilt unabhängig davon, ob das untersuchte Teilnetz rotierende Massen enthält oder nicht. Er ist demnach nicht allein mit einer zunehmenden Rotationsenergie zu erklären, sondern weist darauf hin, dass in zunehmenden Maße das elektrische Netz selbst in Form von Leitungen und Transformatoren zum Selbstregeleffekt beitragen kann. Für den Referenzfall mit DP_UFS ergeben sich beispielsweise die Zusammenhänge in Tabelle 6-4.

Um die IDV besser untereinander vergleichen zu können wurden in Tabelle 6-3 daher die Werte SI_{NDZ} und TI_{NDZ} berechnet, wobei die Normierung in diesem Fall auf die Werte für das Szenario DP_UFS im Stadtnetz erfolgte.

Tabelle 6-3: Vergleich der Bewertungskriterien für die untersuchten IDV im generischen Verteilnetz

IDV	Netzteil	NDZ Fläche			Durchschnittliche Detektionszeit		
		A_{NDZ} in sq%	SI_{NDZ}	Rang	t_D in ms	TI_{NDZ}	Rang
DP_UFS	Stadt	5369	1,00	7	821	1,00	6
	Land	4500	0,84		751	0,91	
DA_FS	Stadt	1563	0,29	4	475	0,58	4
	Land	1344	0,25		426	0,52	
DA_PS	Stadt	988	0,18	3	615	0,75	5
	Land	675	0,13		508	0,62	
DA_QFR	Stadt	6	0,00	1	302	0,37	3
	Land	0	0,00		161	0,20	
DA_MPH	Stadt	25	0,00	2	199	0,24	2
	Land	38	0,01		145	0,18	
DA_IZ	Stadt	3881	0,72	6	1021	1,24	7
	Land	2781	0,52		963	1,17	
DP_PSD	Stadt	1575	0,29	4	125	0,15	1
	Land	1325	0,25		103	0,13	

Tabelle 6-4: Vergleich der Bewertungskriterien für unterschiedliche Netzgrößen

	Ein-Sammel-schienen-Anordnung		Verteilnetz Land		Verteilnetz Stadt
A_{NDZ} **in sq%**	3818	<	4500	<	5369
t_{D} **in ms**	352	<	751	<	821

In Bild 6-14 sind die ermittelten SI_{NDZ} und TI_{NDZ}, unterteilt nach Stadt- und Landnetz, als Balkendiagramme dargestellt. Im Vergleich der unterschiedlichen Netztypen lässt sich erkennen, dass ungewollte Inselnetze im Stadtnetz häufiger als im ländlichen Teilnetz auftraten und auch die Zeit bis zur erfolgreichen Detektion im städtischen Teilnetz grundsätzlich länger ist. Ein weiterer wesentlicher Punkt, der zu diesem Verhalten führt, ist die im städtischen Teilnetz verbrauchernahe Erzeugung, wodurch ein an vielen Stellen bereits lokal ausgeglichenes Netz realisiert wird. Des Weiteren können im städtischen Netz mit dezentral verteilten DEA Situationen auftreten, bei denen die Entkupplung einer einzelnen DEA zu einer insgesamt ausgeglichenen Leistungsbilanz führt und damit zur Stabilisierung des elektrischen Inselnetzes beiträgt. Im ländlichen Netz hingegen führt die Abschaltung einer einzelnen DEA in jedem Fall zum Zusammenbruch des ungewollten Inselnetzes.

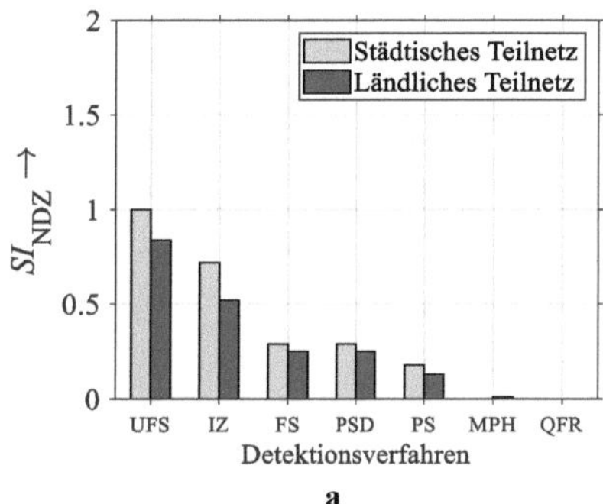

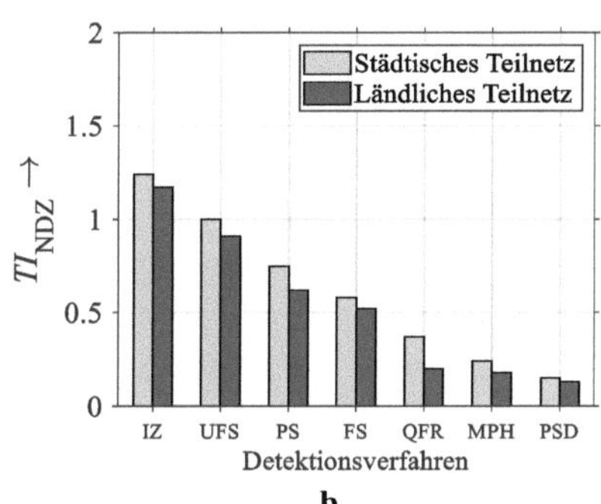

Bild 6-14: Sortierte Bewertungskriterien der verschiedenen IDV für das generische Verteilnetz, unterteilt nach Teilnetz; **a** Fläche der nichtdetektierbaren Zone; **b** Durchschnittliche Detektionsgeschwindigkeit

6.3.3 Auswirkung von geringer Durchdringung mit IDV

Aus den Ergebnissen in Abschnitt 6.3.2 lässt sich ableiten, dass mit allen IDV eine erhebliche Verbesserung des Verhaltens im Falle ungewollter Inselnetze erreicht werden kann. Prinzipiell kann jedoch auch der Fall auftreten, dass im Netz nicht alle DEA mit zusätzlichen IDV ausgestattet sind, da bislang keine einheitlichen Richtlinien zur Inselnetzdetektion gelten. In Tabelle 6-5 sind für das Verfahren DA_FS die Ergebnisse für unterschiedliche Ausstattungsgrade der DEA dargestellt. Da im ländlichen Teil des Netzes nur wenige DEA installiert sind und es damit schwierig ist, den Ausstattungsgrad zu variieren, wurde dieser Vergleich dabei nur für das städtische Teilnetz durchgeführt.

Tabelle 6-5: Einfluss einer geringeren Durchdringung der DEA mit DA_FS

Ausgestattet mit DA_FS	Netzteil	NDZ Fläche		Durchschnittliche Detektionszeit	
		A_{NDZ} in sq%	SI_{NDZ}	t_{D} in ms	TI_{NDZ}
Alle DEA	Stadt	1563	0,29	475	0,58
Hälfte der DEA	Stadt	2019	0,38	550	0,67
Keine DEA	Stadt	5369	1,00	821	1,00

Es lässt sich erkennen, dass eine hohe Durchdringung der DEA mit IDV eine zuverlässigere Detektion ermöglicht. Gleichzeitig zeigt sich jedoch, dass der Zusammenhang zur Wirksamkeit des IDV nicht zwangsläufig linear der Anzahl an ausgestatteten DEA folgt. Somit kann bereits mit der Hälfte der Anlagen eine wesentliche Verbesserung der Zuverlässigkeit und Geschwindigkeit der Detektion im Vergleich zur alleinigen Detektion mit DP_UFS erzielt werden. Dies wird besonders deutlich an den NDZ der drei Varianten, die in Bild 6-15a-c abgebildet sind. Auch die Verteilungsfunktionen in Bild 6-15d zeigen, dass der Unterschied zwischen ausschließlicher Detektion mit DP_UFS zur Ausstattung der Hälfte aller Anlagen mit DA_FS den größten Zuwachs an erfolgreichen Detektion zur Folge hat.

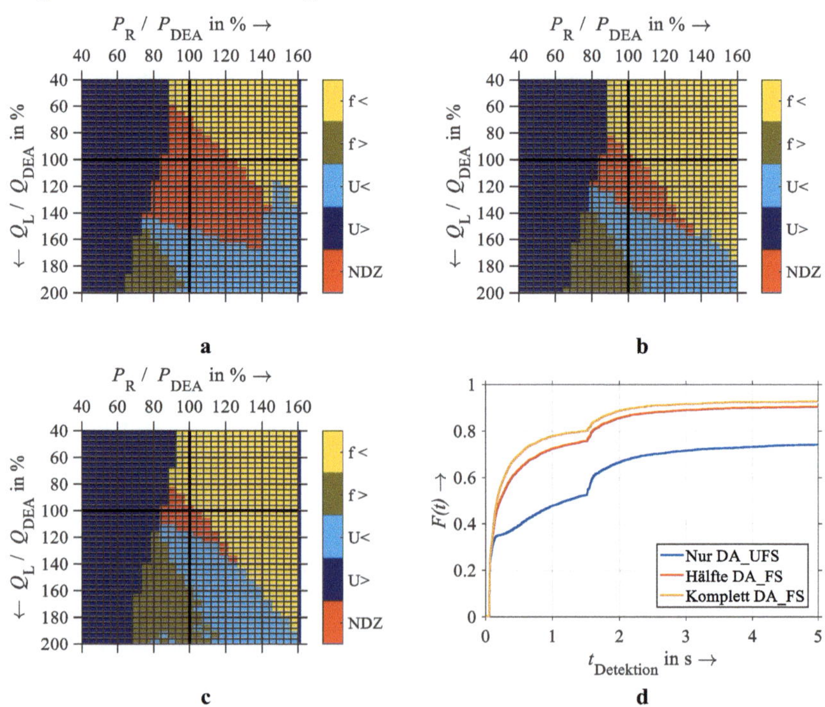

Bild 6-15: Vergleich der NDZ und Verteilungsfunktionen bei verschiedener Durchdringung mit IDV; **a** NDZ bei DP_UFS; **b** NDZ bei DA_FS in Hälfte der DEA; **c** NDZ bei DA_FS in allen DEA; **d** Vergleich der Summenhäufigkeitsfunktion

Wenn der Ansatz der gezielten und schnellen Abschaltung ungewollter Inselnetze demnach weiterverfolgt werden soll, ist es zweckmäßig einheitliche Anforderungen an das

Verhalten der DEA zu stellen. Werden nicht alle Anlagen entsprechend aus- oder nachgerüstet, kann mit entsprechenden Maßnahmen insgesamt dennoch eine markante Verbesserung der Inselnetzdetektion erzielt werden.

6.4 Fazit zur ungewollten Inselnetzbildung

Die Bildung ungewollter Inselnetze ist bei hoher Durchdringung des elektrischen Netzes mit DEA in zahlreichen Kombinationen aus verschiedenen DEA und EL möglich. Es konnte gezeigt werden, dass die Gefahr der ungewollten Inselnetzbildung mit zunehmender Größe des sich abtrennenden Teilnetzes zunimmt. Die zum Ausgleich der Leistungsbilanzen führenden Übergangsvorgänge zwischen Trennung vom vorgelagerten Netz und stabilem Zustand des ungewollten Inselnetzes werden von zwei wesentlichen Einflüssen dominiert:

- Spannungs- und frequenzabhängige Leistungsaufnahme der EL
- Bereitstellung von Systemdienstleistungen der DEA

Diese beiden Effekte bewirken auch in zahlreichen Situationen mit höheren Differenzleistungen ΔP und ΔQ über der Trennstelle einen Leistungsausgleich im ungewollten Inselnetz, ohne dass der ES der DEA ansprechen kann.

Die untersuchten IDV sind in der Lage, die Anzahl an Szenarien, in denen ungewollte Inselnetze auftreten können, erheblich zu verringern. Dabei erwiesen sich durch den Vergleich der Bewertungskriterien manche Verfahren als erheblich wirksamer als andere. Die höchste Wirksamkeit konnte mit dem Verfahren der $Q(f)$-Regelung (DA_QFR) erzielt werden, mit dem es möglich war, nahezu alle ungewollten Inselnetze zu verhindern. Als schnellstes Verfahren erwies sich die Phasensprungdetektion (DP_PSD). Diese ist jedoch anfällig für Überfunktionen im Falle von großen Lastzuschaltungen und –abschaltungen. Daher sollte DP_PSD nur in Kombination mit anderen Verfahren genutzt werden und nicht direkt die Entkopplung der DEA zur Folge haben. Denkbar wäre, das Signal der DP_PSD zur temporären Änderung der Frequenzgrenzen des ES zu nutzen.

IDV, die in den DEA implementiert werden, erfordern ein ähnliches Verhalten aller Anlagen im Inselnetzfall, um möglichst wirksam zu arbeiten. Es konnte aber gezeigt werden, dass erhebliche Verbesserungen bereits durch eine Ausrüstung eines Teils der DEA mit IDV erzielt werden kann. Dies ist insbesondere unter dem Gesichtspunkt, dass viele Altanlagen nicht mehr mit neuen IDV ausgestattet werden können oder sollen, von Bedeutung.

7 Bestimmung der Inselnetzwahrscheinlichkeit

Mit den NDZ, die in Kapitel 6 ermittelt wurden, konnte untersucht werden, welche Netzzustände im Hinblick auf die Bildung ungewollter Inselnetze besonders kritisch sind und welchen Einfluss verschiedene Detektionsverfahren haben können. Für den laufenden Netzbetrieb ist es jedoch bedeutsamer, eine Aussage zur aktuellen Möglichkeit einer ungewollten Inselnetzbildung treffen zu können. Es muss daher die Frage beantwortet werden, ob die Öffnung des Schalters an einer bestimmten Trennstelle aktuell zu einem ungewollten Inselnetz führen kann. Um dies zu ermöglichen wird in diesem Kapitel ein Verfahren entwickelt, mit dem durch die Kombination der im Vorfeld ermittelten NDZ und aktueller Leistungsmesswerte eine Aussage zur aktuellen Wahrscheinlichkeit einer ungewollten Inselnetzbildung getroffen werden kann. Zusätzlich soll eine Prognose zur Entwicklung der Inselnetzwahrscheinlichkeit (WSK_IN) möglich sein.

7.1 Verfahren zur Bestimmung der Inselnetzwahrscheinlichkeit

Es wurde bereits gezeigt, dass die Möglichkeit eines ungewollten Inselnetzes von zahlreichen verschiedenen Parametern wie der Erzeugerstruktur und auch der Netzgröße abhängt. Diese Einflussgrößen werden in der Bestimmung der NDZ in Kapitel 6 berücksichtigt, gleichzeitig bedeutet dies aber, dass eine konkrete NDZ nur für das untersuchte Teilnetz exakt zutrifft. Es konnte gezeigt werden, dass Form und Größe der NDZ ähnlicher Netzkonstellationen sich nicht maßgeblich unterscheiden.

Mit dem Verfahren zur Bestimmung der WSK-IN soll es auf Basis der NDZ eines Teilnetzes möglich werden, Situationen, in denen eine Netztrennung zu einem ungewollten Inselnetz führen kann, frühzeitig zu erkennen. Dazu muss zunächst eine Trennstelle spezifiziert werden, für die eine Untersuchung durchgeführt werden soll. In Bild 7-1 sind schematisch für das generische Verteilnetz die Abgänge zum städtischen und zum ländlichen Teilnetz als mögliche Trennstellen (point of disconnection - POD) A und B für eine Inselnetzprognose markiert. Weitere POD können auch innerhalb eines Abgangs vorhanden sein, an diesen kann analog eine Untersuchung für das nachgelagerte Teilnetz durchgeführt werden.

Als Eingangsdaten werden zusätzlich zur NDZ des Teilnetzes jeweils zwei der drei Leistungen aus den Leistungsbilanzgleichungen am POD im Netz benötigt:

$$\Delta P = P_{EL} - P_{DEA} \tag{7-1}$$

$$\Delta Q = Q_{EL} - Q_{DEA} \tag{7-2}$$

Die fehlende dritte Größe der beiden Leistungsbilanzen kann jeweils berechnet werden. In den Gln. (7-1) und (7-2) sind

- P_{DEA}, Q_{DEA}: Eingespeiste Wirk- und Blindleistung der DEA im nachgelagerten Teilnetz bzw. Prognosebereich
- P_{EL}, Q_{EL}: Aufgenommene Wirk- und Blindleistung der EL im nachgelagerten Teilnetz bzw. Prognosebereich
- ΔP, ΔQ: Wirk- und Blindleistungsdifferenz am POD

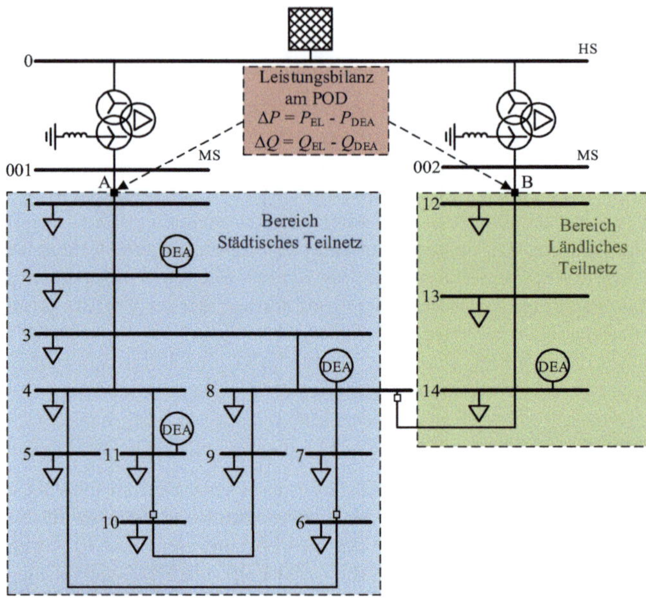

Bild 7-1: Schematische Darstellung von möglichen Untersuchungsbereichen und den zugehörigen POD

In Untersuchungen der NDZ verschiedener Erzeuger- und Lastkombinationen konnte gezeigt werden, dass die NDZ-Bereiche von Wirk- und Blindleistung miteinander wechselwirken. Wie für das städtische Teilnetz in der NDZ-Darstellung in Bild 7-2 für zwei verschiedene Kombinationen aus Wirk- und Blindleistung eingetragen, ergibt sich der NDZ-Bereich der Wirkleistung $p_{krit\,u} \leq P_{EL}/P_{DEA} \leq p_{krit\,o}$ daher in Abhängigkeit von der Blindleistung. Für den NDZ-Bereich der Blindleistung $q_{krit\,u} \leq Q_{EL}/Q_{DEA} \leq q_{krit\,o}$ gilt analog eine Abhängigkeit von der Wirkleistung.

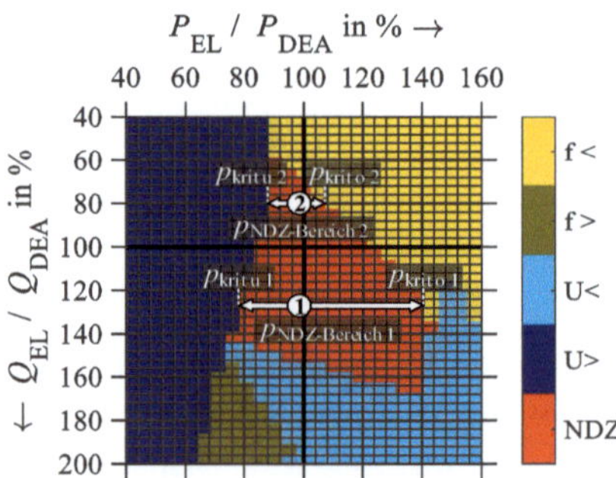

Bild 7-2: NDZ-Bereiche für zwei unterschiedliche Kombinationen aus Wirk- und Blindleistung (NDZ für städtisches Netz und dezentrale Erzeugung E_DEZ)

Mit den Gln. (7-3) und (7-4) werden die Grenzen der NDZ-Bereiche für Wirk- und Blindleistung definiert. Dabei werden die unteren und oberen Grenzen ($p_{\text{krit u}}$, $p_{\text{krit o}}$) des NDZ-Bereiches aus der jeweiligen Zeile $q = Q_{\text{EL}}/Q_{\text{DEA}}$ bestimmt, während $q_{\text{krit u}}$ und $q_{\text{krit o}}$ sich aus der Spalte $p = P_{\text{EL}}/P_{\text{DEA}}$ ergeben. Gibt es beispielsweise für ein bestimmtes Blindleistungsverhältnis q keinen NDZ-Bereich der Wirkleistung, so werden die untere und obere Grenze Eins gesetzt.

$$(p_{\text{krit u}}, p_{\text{krit o}}) = \begin{cases} (\min, \max)\left(\dfrac{P_{\text{EL}}}{P_{\text{DEA}}}\right)_{\text{NDZ}} & \text{für } q = \dfrac{Q_{\text{EL}}}{Q_{\text{DEA}}} \\[2em] 1 & \text{wenn } \left(\dfrac{P_{\text{EL}}}{P_{\text{DEA}}}\right)_{\text{NDZ}} = \emptyset \end{cases} \quad (7\text{-}3)$$

$$(q_{\text{krit u}}, q_{\text{krit o}}) = \begin{cases} (\min, \max)\left(\dfrac{Q_{\text{EL}}}{Q_{\text{DEA}}}\right)_{\text{NDZ}} & \text{für } p = \dfrac{P_{\text{EL}}}{P_{\text{DEA}}} \\[2em] 1 & \text{wenn } \left(\dfrac{Q_{\text{EL}}}{Q_{\text{DG}}}\right)_{\text{NDZ}} = \emptyset \end{cases} \quad (7\text{-}4)$$

Eine Umrechnung zwischen der NDZ-Darstellung und der Leistungsdifferenz am POD ist mit den Gln. (7-5) und (7-6) möglich. Mit dieser Umrechnung der aktuellen Leistungsmesswerte wird es möglich die Position des aktuellen Netzzustandes in der NDZ-Darstellung zu bestimmen. Befindet sich das untersuchte Teilnetz innerhalb der NDZ, so ist zu erwarten, dass sich bei einer Trennung am POD ein ungewolltes Inselnetz ausbilden kann.

$$\frac{P_{\text{EL}}}{P_{\text{DEA}}} = \frac{\Delta P}{P_{\text{DEA}}} + 1 \quad (7\text{-}5)$$

$$\frac{Q_{\text{EL}}}{Q_{\text{DEA}}} = \frac{\Delta Q}{Q_{\text{DEA}}} + 1 \quad (7\text{-}6)$$

7.1.1 Visualisierung der Inselnetzwahrscheinlichkeit im Zeitverlauf der Leistungsdifferenz am POD

NDZ-Bereiche mit harten Grenzen

Für jeden Zeitpunkt kann mit der Kenntnis der einzelnen Leistungen mit den Gln. (7-3) und (7-4) ein kritischer Bereich ermittelt werden, innerhalb dessen ungewollte Inselnetze wahrscheinlich sind. Als Resultat dieser Untersuchung werden demnach für jeden Zeitpunkt untere und obere Grenzen ($p_{\text{krit u}}$, $p_{\text{krit o}}$, $q_{\text{krit u}}$ und $q_{\text{krit o}}$,) für eine mögliche, unbeabsichtigte Insel bestimmt. Für Zeitpunkte, in denen die Gln. (7-7) und (7-8) gleichzeitig gelten, besteht die erhöhte Gefahr eines ungewollten Inselnetzes im Falle einer Trennung des betrachteten Teilnetzes am POD.

$$p_{\mathrm{krit\,u}} \leq \frac{P_{\mathrm{EL}}}{P_{\mathrm{DEA}}} \leq p_{\mathrm{krit\,o}} \tag{7-7}$$

$$q_{\mathrm{krit\,u}} \leq \frac{Q_{\mathrm{EL}}}{Q_{\mathrm{DEA}}} \leq q_{\mathrm{krit\,o}} \tag{7-8}$$

In Bild 7-3 sind beispielhafte, künstlich erzeugte Leistungsverläufe im Verbraucherzählpfeilsystem dargestellt. Dabei wurden für einen 24-Stunden-Zeitraum in 5-min-Intervallen Leistungswerte erstellt. Mit diesen Zeitverläufen und der NDZ aus Bild 7-2 wurden für jeden Zeitpunkt die oberen und unteren Grenzen der NDZ ermittelt. Es ergaben sich die orange markierten kritischen Bereiche der NDZ in Bild 7-4.

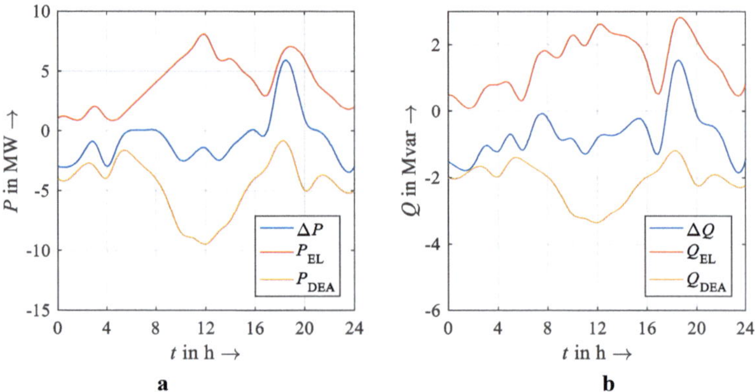

Bild 7-3: Generische Lastkurven von Erzeugung, Verbrauch und Differenz der: **a** Wirkleistung; **b** Blindleistung

In Bild 7-4 sind zusätzlich die Zeiten hervorgehoben, in denen sich die aktuelle Leistung sowohl innerhalb des kritischen Wirkleistungs- als auch des kritischen Blindleistungsbereichs befindet. Dies bedeutet, dass der aktuelle Netzzustand innerhalb der NDZ liegt und eine Trennung ein ungewolltes Inselnetz zur Folge haben kann.

Inselnetzwahrscheinlichkeit mit Wahrscheinlichkeitsverteilungen

Anstelle der harten Grenzen der NDZ kann auch eine Wahrscheinlichkeitsfunktion aufgestellt werden, um die in der Realität vorhandene Unschärfe der Aussagen über Wahrscheinlichkeiten der Inselnetzbildung zu berücksichtigen. Mit diesem Ansatz wird berücksichtigt, dass die analytisch oder simulativ ermittelten NDZ die Realität nie einschränkungsfrei widergeben können und zusätzliche Fehler bei der Messung oder Abschätzung der Leistungen im Teilnetz und am POD auftreten.

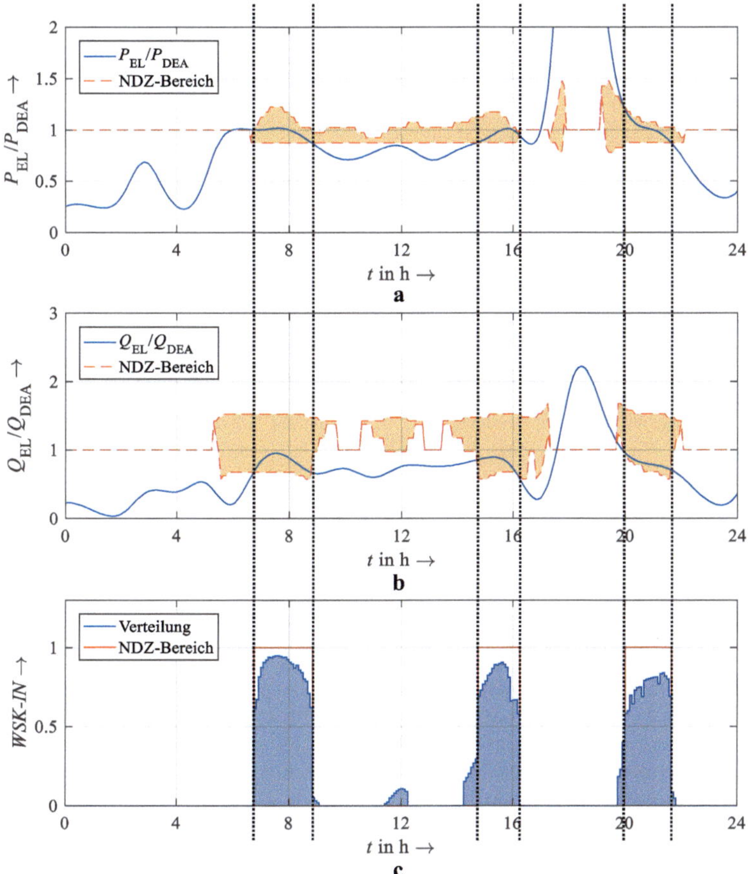

Bild 7-4: NDZ-Bereiche für: **a** Wirkleistungsverhältnisse; **b** Blindleistungsverhältnisse; **c** WSK-IN mit harten NDZ-Grenzen und Verteilungsfunktion

Die Funktion $WSK\text{-}IN_p$ in Gl. (7-9) beschreibt die genutzte Verteilung für die Wirkleistung. Diese stetige Verteilung kann für jeden Zeitpunkt in Abhängigkeit von $P_{\mathrm{EL}}/P_{\mathrm{DEA}}$ aufgestellt werden und ist in Bild 7-5 im Vergleich zum NDZ-Bereich mit harten Grenzen dargestellt. Mit dieser Verteilung wird in der Mitte des kritischen Bereichs der Wert 1 erzielt, während mit dem Parameter WSK_{krit} die Wahrscheinlichkeit an den bislang als harte Grenzen angenommenen Werten $p_{\mathrm{krit\,o}}$ und $p_{\mathrm{krit\,u}}$ festgelegt werden kann.

$$WSK\text{-}IN_p = \frac{1}{2}\cos\left[\frac{\pi - 2\arcsin(2WSK_{\mathrm{krit}} - 1)}{p_{\mathrm{krit\,o}} - p_{\mathrm{krit\,u}}} \cdot \left(\frac{P_{\mathrm{EL}}}{P_{\mathrm{DEA}}} - \frac{p_{\mathrm{krit\,o}} + p_{\mathrm{krit\,u}}}{2}\right)\right] + \frac{1}{2} \quad (7\text{-}9)$$

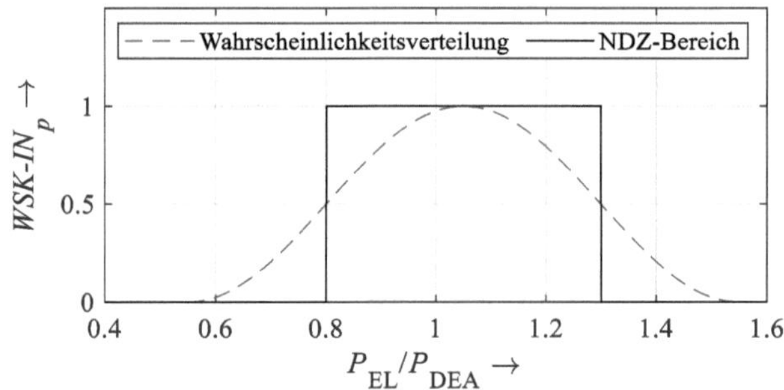

Bild 7-5: WSK-IN mit harten NDZ-Grenzen und Wahrscheinlichkeitsverteilung für die Wirkleistung

Die gleiche Wahrscheinlichkeitsverteilung kann analog für die Blindleistung angewendet werden um $WSK\text{-}IN_q$ zu bestimmen. Um nun die Gesamtwahrscheinlichkeit einer Inselnetzbildung ermitteln zu können, wird mit Gl. (7-10) die Gesamtwahrscheinlichkeit $WSK\text{-}IN$ gebildet.

$$WSK\text{-}IN = WSK\text{-}IN_p \cdot WSK\text{-}IN_q \qquad\qquad (7\text{-}10)$$

Durch Anwendung der Verteilungsfunktionen in den Gln. (7-9) und (7-10) ergeben sich in Bild 7-4 die blauen Flächen als $WSK\text{-}IN$ bei Wahl von $WSK_{krit} = 0{,}5$. Durch die Höhe von $WSK\text{-}IN$ wird schneller ersichtlich, wie weit sich der momentane Systemzustand innerhalb der NDZ befindet. Ein Wert von Eins wird hierbei nur erreicht, wenn sowohl die Wirk- als auch die Blindleistung in der Mitte des aktuellen NDZ-Bereiches liegen. Zusätzlich werden mit der Wahrscheinlichkeitsverteilung Zustände in der Nähe der NDZ hervorgehoben. In diesem Beispiel kann damit gegen 12:00 ein Bereich deutlich gemacht, in dem sich die Leistungsverhältnisse in der Nähe der NDZ befinden, die Grenzen des NDZ-Bereiches aber nicht überschreiten.

7.1.2 Visualisierung der Inselnetzwahrscheinlichkeit in der NDZ

Um den aktuellen Netzzustand in Relation zur NDZ auf einen Blick sehen zu können, ist es möglich die aktuellen Messwerte der Leistungsbilanzen in der NDZ-Darstellung als Leistungstrajektorie einzutragen. Dies wurde für alle diskreten Zeitpunkte $t(k)$ aus Bild 7-3 in dem Diagramm in Bild 7-6 realisiert. Der Farbverlauf wechselt dabei von blau (0 Uhr) zu grün (24 Uhr). Die rot markierten Datenpunkte markieren Start- und Endpunkt der Trajektorie. Wie bereits in Bild 7-4 lässt sich auch in dieser Form der Visualisierung erkennen, zu welchen Zeitpunkten die Gefahr einer ungewollten Inselnetzbildung besteht.

7.1.3 Prognose der Inselnetzwahrscheinlichkeit im nächsten Zeitschritt

Um zusätzlich eine Prognose für den nächsten Zeitschritt $t(k{+}1)$ treffen zu können, wurde in Bild 7-6 für jeden Zeitpunkt eine Prognose des nächsten Zustands als Vektor eingetragen. Die Prognose ergibt sich als lineare Approximation mit den Gln. (7-11) und (7-12) aus der Differenz der aktuellen und der letzten Position im Leistungsdiagramm.

Durch diesen Prognosewert kann die Gefahr eines ungewollten Inselnetzes für den nächsten Zeitschritt bereits abgeschätzt werden.

$$\frac{P_{\mathrm{EL}}}{P_{\mathrm{DEA}}}(k+1) = 2 \cdot \frac{P_{\mathrm{EL}}}{P_{\mathrm{DEA}}}(k) - \frac{P_{\mathrm{EL}}}{P_{\mathrm{DEA}}}(k-1) \tag{7-11}$$

$$\frac{Q_{\mathrm{EL}}}{Q_{\mathrm{DEA}}}(k+1) = 2 \cdot \frac{Q_{\mathrm{EL}}}{Q_{\mathrm{DEA}}}(k) - \frac{Q_{\mathrm{EL}}}{Q_{\mathrm{DEA}}}(k-1) \tag{7-12}$$

Für den realen Einsatz, beispielsweise in der Netzleitstelle, ist die Darstellung des gesamten Verlaufes zu unübersichtlich. Deswegen ist es sinnvoll die dargestellten Datenpunkte wie in Bild 7-7 auf den aktuellen Zustand zu beschränken. Dieser erlaubt bereits Aussagen über die aktuelle und zu erwartende Gefahr eines ungewollten Inselnetzes zu treffen.

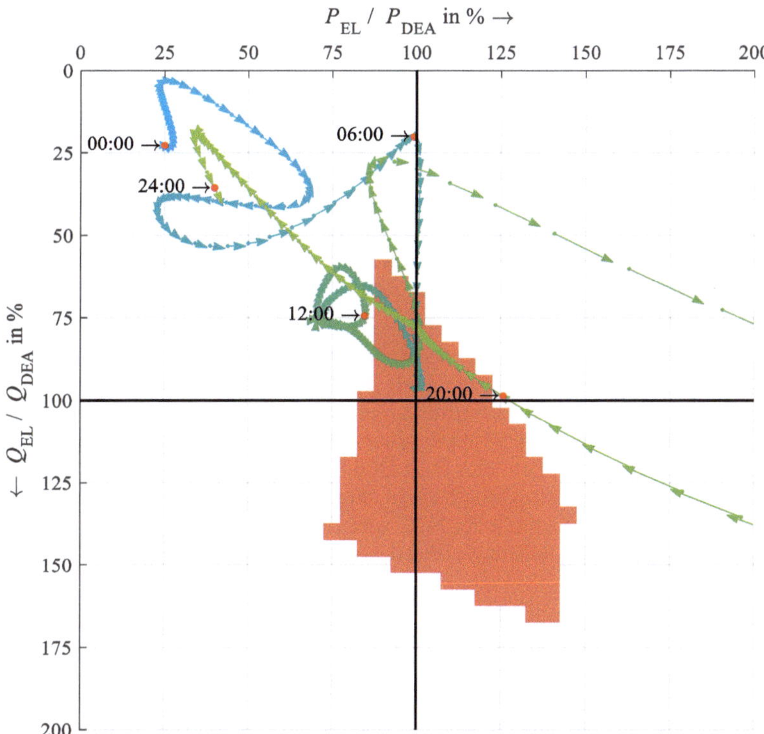

Bild 7-6: Inselnetzprognose durch Darstellung der aktuellen Leistungsbilanz und einem Prognosevektor aus dem aktuellen und dem letzten Wert

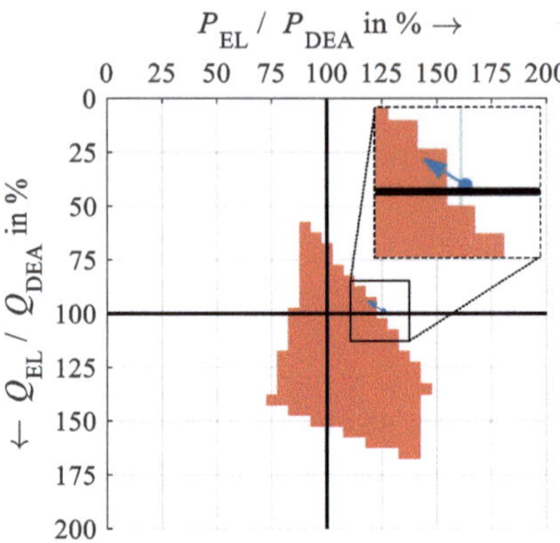

Bild 7-7:   Inselnetzzustand und -prognosevektor für den aktuellen
Zustand (hier 19:55 Uhr)

7.2   Inselnetzprävention durch Verlassen der NDZ

Die Kenntnis des aktuellen Zustandes im untersuchten Teilnetz in der NDZ-Darstellung
kann genutzt werden, um gezielt Maßnahmen zur Beeinflussung der Wirk- oder Blindleistungsbilanz zu ergreifen. Dieser Ansatz verfolgt demnach das Ziel, durch eine Störung der Leistungsbilanz die NDZ zu verlassen und so bereits vor einer möglichen
Netztrennung die Wahrscheinlichkeit eines ungewollten Inselnetzes zu minimieren. Mit
diesen präventiven Maßnahmen sollen ungewollte Inselnetze verhindert werden, ohne
dass eine zusätzliche Detektion erforderlich ist.

In der Regel ist es aufgrund wirtschaftlicher Aspekte nicht wünschenswert die Einspeiseleistung von DEA zu reduzieren oder Reserven für eine Erhöhung der eingespeisten
Wirkleistung in allen Teilnetzen vorzuhalten. Die Blindleistung hingegen kann zumeist
in gewissem Maße ohne größere Beeinflussungen des restlichen Netzbetriebs angepasst
werden. Dazu können steuerbare Kompensationsanlagen dienen (ähnlich dem Detektionsverfahren DA_IZ), es können aber auch Blindleistungssollwerte von DEAs, zu denen eine Kommunikationsverbindung besteht, angepasst werden. Befindet sich das be-
trachtete Teilnetz aktuell innerhalb der NDZ und es gilt die Ungleichung in Gl. (7-13),
so kann die kapazitive Blindleistung entweder vergrößert oder verringert werden, um
die NDZ zu verlassen.

$$q_{\text{krit u}} \leq \frac{Q_{EL}}{Q_{DEA}} \leq q_{\text{krit o}} \tag{7-13}$$

Dies ist in Bild 7-8 grafisch dargestellt. Dabei kann sowohl die erforderliche Blindleistung zum Erreichen der unteren ($q_{\text{präv u}}$) als auch oberen ($q_{\text{präv o}}$) Grenze der NDZ berechnet werden. Ein Unterschreiten der unteren Grenze erfordert zusätzliche kapazitive
Blindleistung, während ein Überschreiten der oberen Grenze eine Reduzierung des kapazitiven Anteils bedeutet. Die dafür aufzuwendende Blindleistung $q_{\text{präv}}$ ergibt sich unter Annahme des VZS mit Gl. (7-14) durch Einsetzen von $q_{\text{krit u}}$ oder $q_{\text{krit o}}$.

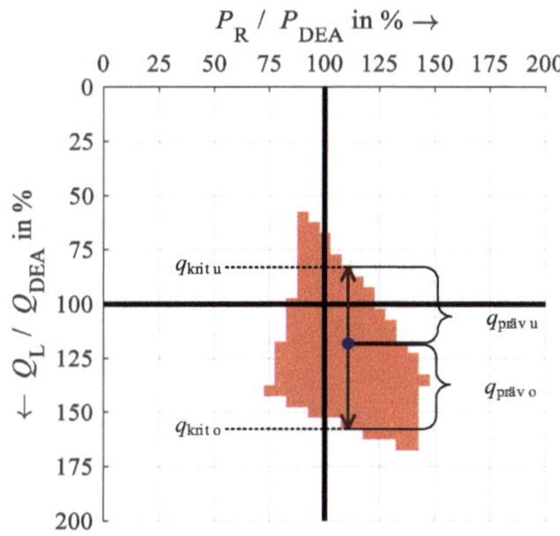

Bild 7-8: Möglichkeiten der Blindleistungsänderung zum Verlassen der NDZ

$$\left(q_{\text{präv u}}, q_{\text{präv o}}\right) = \left(q_{\text{krit u}}, q_{\text{krit o}}\right) - \left(1 + \frac{\Delta Q}{Q_{\text{DEA}}}\right) \tag{7-14}$$

Für die Leistungsverläufe aus Bild 7-3 ergeben sich damit die notwendigen Blindleistungsänderungen in Bild 7-9. Da sich die Leistungstrajektorie in diesem Beispiel immer näher an der unteren Grenze der NDZ befindet, kann die NDZ bereits durch geringe Steigerung der kapazitiven Blindleistung (maximal 0,73 MVar in diesem Beispiel) verlassen werden. Diese Änderung kann durch Kondensatorbatterien oder eine Anpassung der Blindleistung der DEA realisiert werden.

In den meisten Fällen ist es sinnvoller die Blindleistung so zu beeinflussen, dass der kapazitive Anteil der Blindleistung den induktiven Anteil im Teilnetz übersteigt und sich somit insgesamt eine leicht kapazitiv dominierte Differenzleistung ΔQ ergibt. Aus diesem Zustand heraus wird die Frequenz im Falle einer Trennung des Teilnetzes tendenziell absinken. Nur so kann sich eine ausgeglichene Blindleistungsbilanz einstellen, wie bereits in Abschnitt 6.2 erklärt wurde. Auf diese Weise wird die stabilisierende Wirkung der Abregelung der Wirkleistung bei Überfrequenz vermieden und eine ungewollte Insel unwahrscheinlicher. Berücksichtigt man den Einfluss auf das übergeordnete

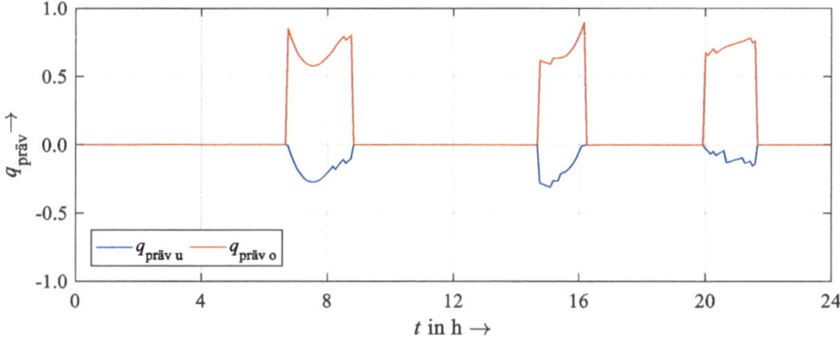

Bild 7-9: Verlauf der notwendigen Blindleistungsänderungen zum Verlassen der NDZ

Netz, so muss die veränderte Betriebsweise der unterlagerten Netze berücksichtigt werden, da diese normalerweise ein induktives Verhalten aufweisen. In Anbetracht des Rückbaus von großen Kraftwerken und damit fehlender Blindleistung für die Spannungshaltung könnte durch kapazitiv wirkende Teilnetze häufig ein positiver Effekt für das übergeordnete Netz erzielt werden. Ein an dieser Stelle noch zu untersuchender Effekt sind höherfrequente Resonanzen, die durch das kapazitive Verhalten der Teilnetze auftreten können. Diese müssen durch eine ausreichende Dämpfung begrenzt werden.

7.3 Kompensation von fehlenden Messwerten

In den meisten Netzen ist es möglich, die von DEA eingespeiste und von EL verbrauchte Wirkleistung voneinander zu separieren. Dies ist beispielsweise über die Messung der Differenzleistung an der Trennstelle und der Leistungsmessung an größeren Erzeugungsanlagen möglich. Auch eine Abschätzung der Einspeiseleistung über die Kombination der bekannten, installierten Leistungen mit aktuellen Wetterdaten ist dafür anwendbar. Im Gegensatz dazu können häufig, abgesehen von der Blindleistungsdifferenz an der Trennstelle, keine genauen Aussagen über die Blindleistung im Netz getroffen werden. Um auch in diesen Fällen die Gefahr einer Inselbildung abschätzen zu können, kann das Verfahren aus Abschnitt 7.1 modifiziert werden.

Im ersten Schritt wird für den kritischen Bereich der Wirkleistung unabhängig von der Blindleistung immer die minimale und maximale Grenze der NDZ angenommen. Dadurch wird die Wahrscheinlichkeit einer Inselnetzbildung eher über- als unterschätzt:

$$p_{\text{krit u}} = \min\left(\frac{P_{\text{EL}}}{P_{\text{DEA}}}\right)_{\text{NDZ}} \tag{7-15}$$

$$p_{\text{krit o}} = \max\left(\frac{P_{\text{EL}}}{P_{\text{DEA}}}\right)_{\text{NDZ}} \tag{7-16}$$

Um dennoch das Kriterium der Blindleistung nicht komplett außer Acht zu lassen, kann für alle DEA ein fester Leistungsfaktor $\cos\varphi$ angenommen werden. Dieser kann beispielsweise aus Kennlinienvorgaben des Netzbetreibers abgeleitet werden. Es ergibt sich damit eine Pseudo-Blindleistung in Gl. (7-17), wobei für die Leistungsverläufe aus Bild 7-3 beispielhaft ein $\cos\varphi = 0{,}8$ angenommen wird. Dieser sehr niedrige $\cos\varphi$ wird gewählt, da ein eher induktives Netz den kritischeren Fall darstellt (siehe Erklärung dazu in Abschnitt 7.2) und hier der worst-case betrachtet werden muss um eine „Unterfunktion" des Algorithmus zu vermeiden. Für diese Pseudo-Blindleistung können, da die Leistungsanteile P_{DEA} und P_{EL} bekannt sind, die Grenzen $q_{\text{krit u}}$ und $q_{\text{krit o}}$ ermittelt werden. Die Ergebnisse dieses alternativen Ansatzes sind in Bild 7-10 dargestellt.

$$Q_{\text{DEA Pseudo}} = P_{\text{DEA}} \cdot \tan(\arccos 0{,}8) \tag{7-17}$$

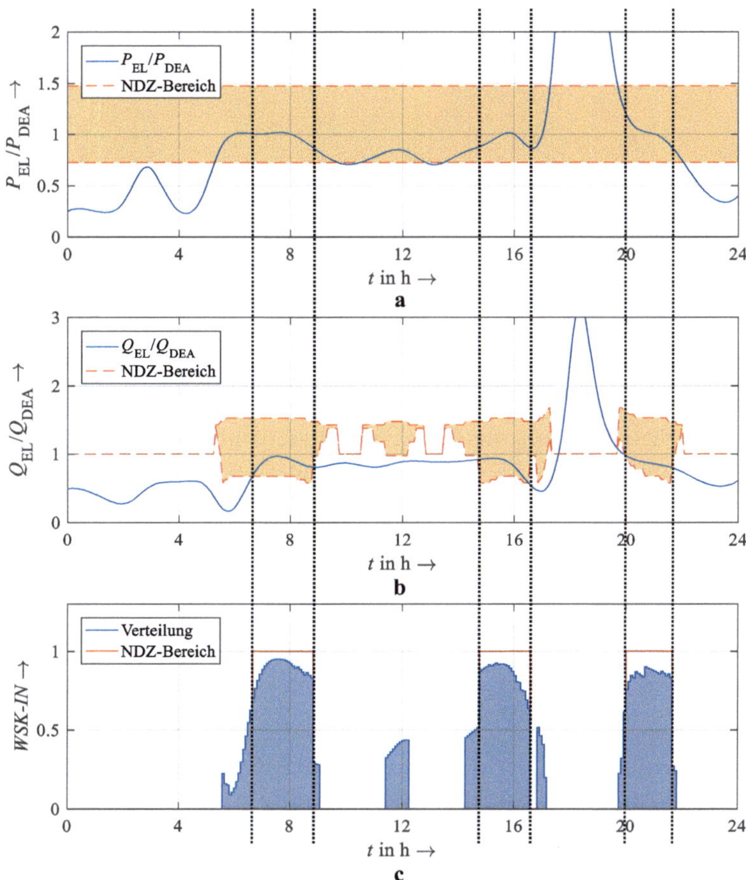

Bild 7-10: NDZ-Bereiche mit Pseudo-Blindleistung für: **a** Wirkleistungsverhältnisse; **b** Blindleistungsverhältnisse; **c** WSK-IN mit harten NDZ-Grenzen und Verteilungsfunktion

Wird hingegen komplett auf das Blindleistungskriterium verzichtet ($WSK\text{-}IN_q = 1$)und ausschließlich die Wirkleistungsdifferenz betrachtet, so ergibt sich die Inselnetzprognose in Bild 7-11. Der Vergleich mit Bild 7-10 zeigt dabei, dass die Gefahr der ungewollten Inselnetzbildung hierbei in starkem Maße überschätzt wird, sodass trotz reduzierter Datengrundlage keine Unterschätzung des Gefahrenbereichs möglich ist.

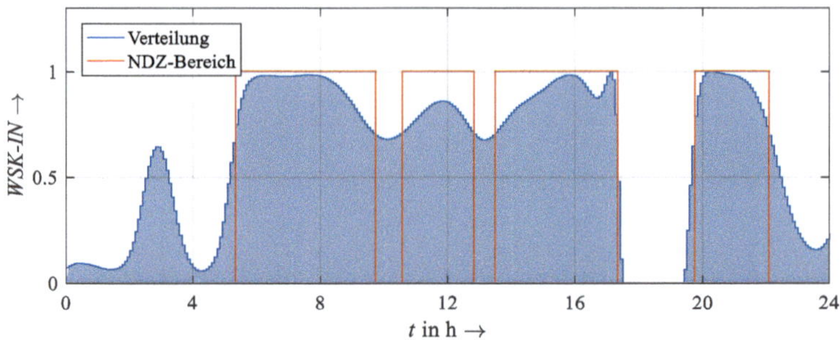

Bild 7-11: NDZ-Bereiche für die Bildung eines ungewollten Inselnetzes ohne Kenntnis der Anteile Q_{DEA} und Q_{EL} ausschließlich über das Wirkleistungskriterium

7.4 Fazit zur Bestimmung der Inselnetzwahrscheinlichkeit

Im Allgemeinen war es bislang nicht möglich die Wahrscheinlichkeit einer Inselnetzbildung in einem zu trennenden Teilnetz einzuschätzen. Wenn nur Informationen zum Leistungsaustausch über die potenzielle Trennstelle bestehen, kann eine gesicherte Aussage zumeist nicht getroffen werden, da die Größe und Beschaffenheit des Teilnetzes ebenfalls einen großen Einfluss auf die Übergangvorgänge hat.

Können Wirk- und Blindleistung der DEA oder alternativ der EL jedoch zusätzlich ermittelt werden, so kann eine Bewertung der WSK-IN durchgeführt werden. Dazu wird der momentane Zustand des Teilnetzes in der in Kapitel 6 ermittelten NDZ-Darstellung bestimmt. Treten Zustände innerhalb der NDZ auf, so ist zu erwarten, dass im Falle einer Schalteröffnung an der untersuchten Trennstelle ein ungewolltes Inselnetz auftritt. Werden nicht nur der aktuelle Zustand, sondern auch die vorherigen Zustände in der NDZ berücksichtigt, so kann ein Prognosevektor berechnet werden, der zusätzlich erkennen lässt, ob das Teilnetz tendenziell innerhalb der NDZ verharrt oder diese voraussichtlich verlassen wird und eine Schalteröffnung ohne die Gefahr der ungewollten Inselnetzbildung erfolgen kann.

Das vorgestellte Verfahren kann im Wesentlichen in zwei verschiedenen Anwendungsfeldern umgesetzt werden.

Als strategisches Tool in der Netzplanung

Wenn über längere Zeiträume die zu messenden Leistungen aufgenommen und gespeichert werden, können nachträglich die Leistungstrajektorien und damit die Häufigkeit und Dauer der Zustände innerhalb der NDZ ausgewertet werden. Dadurch können besonders inselnetzgefährdete Teilnetze identifiziert werden, in denen zusätzliche Maßnahmen zur Vermeidung von ungewollten Inselnetzen getroffen werden können.

Als „Live"-Prognosetool in der Netzleitstelle

Die aktuelle Darstellung der Leistungstrajektorie und damit Prognose möglicher ungewollter Inselnetze bereits vor der Schalteröffnung ermöglicht die Realisierung von zusätzlichen Systemschutzfunktionen. Dabei kann die Kenntnis eines möglichen, ungewollten Inselnetzes auf verschiedene Arten eingesetzt werden:

- Zur Vorbereitung einer Schalteröffnung können präventiv Maßnahmen ergriffen werden, um die NDZ zu verlassen, zum Beispiel durch Blindleistungsstellbefehle an DEA oder Ansteuerung von Kompensationsanlagen.

- Beim Öffnen des Schalters bei hoher Wahrscheinlichkeit eines Inselnetzes kann eine gezielte Abschaltung aller ansteuerbaren DEA durch eine Mitnahmeschaltung oder das Einlegen eines Erdschalters durchgeführt werden.

- Um asynchrone Wiederzuschaltungen im Zuge einer AWE auf ein ungewolltes Inselnetz zu verhindern, kann die AWE blockiert werden, solange sich das Teilnetz im kritischen NDZ-Zustand befindet.

8 Konzepte zum Betrieb von gewollten Inselnetzen

Wie in den bisherigen Kapiteln gezeigt, sind viele Verteilnetze und auch zahlreiche Ortsnetze heute bereits in der Lage eine ungewollte Weiterversorgung von elektrischen Verbrauchern ohne eine Verbindung zum vorgelagerten Netz zu realisieren. Im Zuge des Rückbaus großer Kraftwerke und der zunehmenden Dezentralisierung der Energie-erzeugung wird jedoch gleichzeitig eine erhöhte Gefahr von großflächigen Blackouts mit hohen Folgekosten [59] und schwerwiegenden Folgen für die moderne Gesellschaft befürchtet [60]. In diesem Kontext erscheint es als sinnvoll die steigenden Kapazitäten von DEA im Verteilnetz für einen dezentralen Netzwiederaufbau und damit für eine Energieversorgung im Rahmen gewollter Inselnetze zu nutzen. Um eine Entsolidarisie-rung des europäischen Verbundnetzes zu vermeiden, darf der Übergang in ein gewolltes Inselnetz jedoch nicht beim ersten Anzeichen von Problemen im Verbundnetz erfolgen [61]. Daraus könnte folgen, dass Störungen, die im gesamten Verbundnetz in der Regel zu handhaben sind, durch die fehlenden, geinselten Teilnetze zur Instabilität des gesam-ten Verbundnetzes führen können und in einer Kettenreaktion größere Abschaltungen erforderlich machen. Der Aufbau von gewollten Inselnetzen sollte demnach in der Regel erst nach einer Versorgungsunterbrechung erfolgen („break before make") anstatt einen nahtlosen Übergang ohne Versorgungsunterbrechung anzustreben („seamless transis-tion"). Dies gilt nicht für kritische Infrastrukturen wie Krankenhäuser, deren Weiterver-sorgung unterbrechungsfrei gewährleistet sein muss. Diese müssen bereits heute eigene, vom öffentlichen elektrischen Netz unabhängige, Lösungen zur Notversorgung realisie-ren und bereithalten.

Die Schwarzstartfähigkeit von DEA wie Windkraft- und PV-Anlagen ist bislang in den meisten Fällen nicht gewährleistet, technologisch ist sie aber bereits mit den heutigen Anlagen realisierbar [62–64]. Auch werden in anderen Projekten Ansätze mit Wasser-kraftwerken oder BHKW als Führungskraftwerk eines gewollten Inselnetzes verfolgt, die bei entsprechender Auslegung und Regelung zum Schwarzstart eines Teilnetzes ge-nutzt werden können [65].

All diese Ansätze benötigen aber Regelungskonzepte, die in der Lage sind, den zuver-lässigen und sicheren Betrieb einer großen Anzahl von DEA, die in der Regel über keine oder nur sehr geringe Trägheitsmomente verfügen, zu gewährleisten und gleichzeitig eine praktikable Lastaufteilung zwischen den DEA ermöglichen. Im Folgenden sollen daher konzeptionelle Ansätze zur Umsetzung dieser Aufgabe mit ausschließlich über Umrichter angeschlossenen Erzeugungsanlagen präsentiert werden. Es handelt sich da-her im Folgenden ausnahmslos um trägheitslose elektrische Erzeuger und Verbraucher. Es wird dabei davon ausgegangen, dass alle Arten von DEA in der Lage sind ihre Wirkleistungsabgabe in gewissem Umfang sowohl zu reduzieren als auch zu erhöhen. Dies ist technologisch möglich und wird für WKA beispielsweise durch Einstellen eines angepassten Pitchwinkels der Rotorblätter oder Nutzung der Rotationsenergie [66, 67] und bei PV-Anlagen durch die Wahl eines Arbeitspunktes unterhalb des MPP erreicht [68, 69].

8.1 Regelungskonzepte

Im Folgenden werden vier verschiedene Regelkonzepte vorgestellt, die in Bild 8-1 dargestellt sind. Alle in der Literatur präsentierten Regelkonzepte basieren dabei auf der Regelung von U und f im gewollten Inselnetz. Nach verschiedenen Verfahren werden dabei in den DEA Sollwerte für U und f generiert, mit denen die PWM durchgeführt wird.

Ein neues Konzept wird in dieser Arbeit aus den Ergebnissen der vorliegenden Arbeit abgeleitet. Bei diesem als indirekte Spannungsregelung bezeichneten Konzept werden anstelle von U und f die Größen P und Q an der DEA geregelt, um das gewollte Inselnetz stabil zu halten.

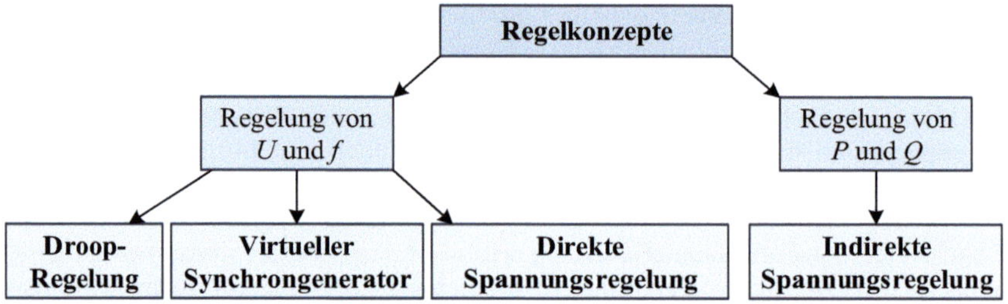

Bild 8-1: Struktur möglicher Regelungskonzepte für den gewollten Inselnetzbetrieb

8.1.1 Droop-Regelung

Mit dem Regelungskonzept der Droop-Regelung kann die Regelung von gewollten Inselnetzen erfolgen [70–75]. Anders als bei der Primärregelung in Großkraftwerken wird dabei eine f-P- und eine U-Q-Kennlinie in den DEA realisiert. Im Gegensatz zur Kraftwerksregelung wird dementsprechend die in der PWM zu realisierende Spannung und Frequenz aus der abgegeben Leistung abgeleitet. Dieser Zusammenhang wird, wie in den Gln. (8-1) und (8-2) dargestellt, implementiert und entsprechend der Anordnung in Bild 8-2 in die Regelung der Anlage integriert.

$$f = -s_\mathrm{p}(P_\mathrm{mess} - P_\mathrm{ref}) + f_0 \tag{8-1}$$

$$U = -s_\mathrm{q}(Q_\mathrm{mess} - Q_\mathrm{ref}) + U_0 \tag{8-2}$$

Bei diesem Regelkonzept muss keine einzelne netzführende Anlage festgelegt werden, welche Spannung und Frequenz stabil hält. Stattdessen erfolgt die Aufteilung der einzuspeisenden Leistungen über die Wahl der Statiken s_p und s_q. Je kleiner der Parameter s_p und s_q der Statik gewählt wird, desto größer ist der Beitrag der DEA im Falle von Leistungsänderungen im elektrischen Netz. Damit die Statiken verschiedener DEA einfach miteinander verglichen werden können, werden die Leistungen, Frequenzen und Spannungen in den Gln. (8-1) und (8-2) auf ihre Referenzwerte normiert. Dann kann die Statik in Prozent angegeben werden. Für Großkraftwerke liegt die Statik normalerweise zwischen 2,5 % (Spitzenlastkraftwerke) und 6 % (Grundlastkraftwerke) [76].

Da dieses Regelungskonzept der Primärregelung nachempfunden ist, verbleiben bei Laständerungen im Netz stationär Spannungs- und Frequenzabweichungen. Dem kann

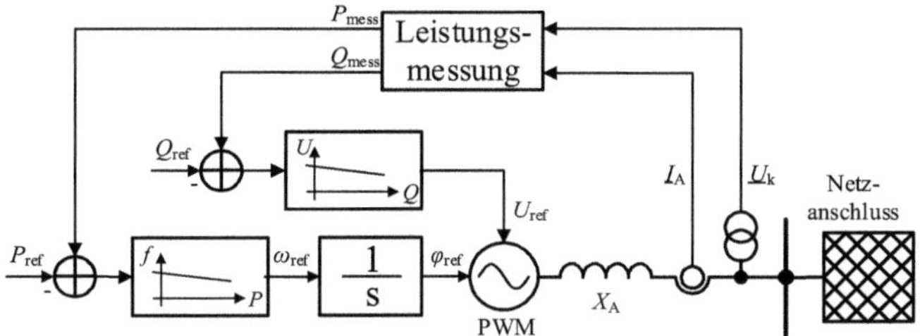

Bild 8-2: Konzept der Droop-Regelung in einem Wechselrichter

durch Ergänzung um eine Sekundärregelung begegnet werden, welche über einen Integrator die Sollwerte der Leistungen P_{ref} und Q_{ref} anpasst, solange U und f von den Nennwerten abweichen.

Wie in den in Anhang A.11 hergeleiteten Gln. (8-3) und (8-4) zu erkennen ist, lassen sich für $X_{\text{L}} \gg R_{\text{L}}$ die für die Droop-Regelung angewandten Zusammenhänge $P \sim f$ und $Q \sim U$ ableiten.

$$P_{\text{DEA X>R}} = \frac{U_1 U_2}{X_{\text{L}}} \delta \tag{8-3}$$

$$Q_{\text{DEA X>R}} = \frac{U_1}{X_{\text{L}}} (U_1 - U_2) \tag{8-4}$$

Im MS-Verteilnetz gilt jedoch annähernd $X_{\text{L}} \approx R_{\text{L}}$ (siehe auch A.9) und im NS-Netz sogar $X_{\text{L}} < R_{\text{L}}$. Damit können die Statiken dort nicht ohne weiteres zu einer stabilen und planbaren Lastaufteilung führen, da alle Größen miteinander gekoppelt sind. Dies ist aus den ebenfalls in Anhang A.11 hergeleiteten Gln. (8-5) und (8-6) zu erkennen.

$$P_{\text{DEA allg}} = \frac{U_1}{R_{\text{L}}{}^2 + X_{\text{L}}{}^2} (R_{\text{L}}(U_1 - U_2) - X_{\text{L}} U_2 \delta) \tag{8-5}$$

$$Q_{\text{DEA allg}} = \frac{U_1}{R_{\text{L}}{}^2 + X_{\text{L}}{}^2} (R_{\text{L}} U_2 \delta + X_{\text{L}}(U_1 - U_2)) \tag{8-6}$$

Um dieser Änderung der Abhängigkeiten entgegen zu wirken, wurde in [74] eine zusätzliche Leistungstransformation der gemessenen Leistung P_{mess} und Q_{mess} in Abhängigkeit der Leitungsimpedanzen eingeführt. Diese erfolgt nach Gl. (8-7) mit den Parametern der elektrischen Leitung und ist in Bild 8-3 ergänzt. Damit werden die Statiken wieder entkoppelt und eine Verbesserung der Droop-Regelung für alle Arten von Leitungen erzielt.

$$\begin{bmatrix} P'_{\text{mess}} \\ Q_{\text{mess}}' \end{bmatrix} = \begin{bmatrix} \sin\theta_{\text{L}} & -\cos\theta_{\text{L}} \\ \cos\theta_{\text{L}} & \sin\theta_{\text{L}} \end{bmatrix} \begin{bmatrix} P_{\text{mess}} \\ Q_{\text{mess}} \end{bmatrix} = \begin{bmatrix} \dfrac{X_{\text{L}}}{Z_{\text{L}}} & -\dfrac{R_{\text{L}}}{Z_{\text{L}}} \\ \dfrac{R_{\text{L}}}{Z_{\text{L}}} & \dfrac{X_{\text{L}}}{Z_{\text{L}}} \end{bmatrix} \begin{bmatrix} P_{\text{mess}} \\ Q_{\text{mess}} \end{bmatrix} \tag{8-7}$$

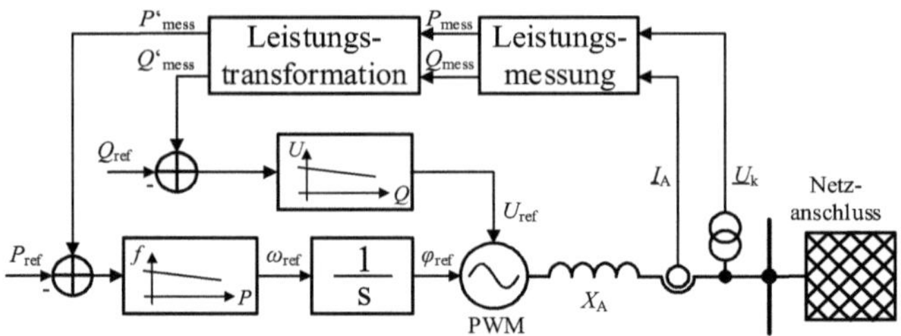

Bild 8-3: Erweiterung der Droop-Regelung um eine Leistungstransformation

Um nachzuweisen, dass durch die Leistungstransformation ein identisches Verhalten wie mit der allgemein hergeleiteten Leistung in Gl. (8-5) erreicht werden kann, wird diese mit der transformierten Wirkleistung P'_{mess} aus Gl. (8-7) in Gl. (8-8) gleichgesetzt. Da durch Gl. (8-6) die abgegebene Leistung dargestellt wurde (Verbraucher-Zählpfeilsystem), die Leistungstransformation aber die einzuspeisende Leistung der Statik wiedergibt (Erzeuger-Zählpfeilsystem), muss Gl. (8-6) dabei noch mit (-1) multipliziert werden. Durch Umformungen wird die Struktur der beiden Terme angeglichen und es ergibt sich Gl. (8-9).

$$\frac{X_{\text{L}}}{Z_{\text{L}}} \cdot P_{\text{mess}} - \frac{R_{\text{L}}}{Z_{\text{L}}} \cdot Q_{\text{mess}} = (-1) \cdot \frac{U_1}{R_{\text{L}}{}^2 + X_{\text{L}}{}^2} (R_{\text{L}}(U_1 - U_2) - X_{\text{L}}U_2\delta) \qquad (8\text{-}8)$$

$$\frac{X_{\text{L}}}{Z_{\text{L}}} \cdot P_{\text{mess}} - \frac{R_{\text{L}}}{Z_{\text{L}}} \cdot Q_{\text{mess}} = \frac{X_{\text{L}}}{Z_{\text{L}}} \cdot \frac{U_1 U_2}{Z_{\text{L}}}\delta - \frac{R_{\text{L}}}{Z_{\text{L}}} \cdot \frac{U_1}{Z_{\text{L}}}(U_1 - U_2) \qquad (8\text{-}9)$$

Mit den Gln. (8-3) und (8-4) können nun im rechten Term die Leistungen eingesetzt werden, wobei im Nenner der beiden Gleichungen Z_{L} auftaucht, da im Allgemeinen nicht $X_{\text{L}} \gg R_{\text{L}}$ gilt. In Gl. (8-10) zeigt sich nun, das durch die Leistungstransformation ein äquivalentes Verhalten erreicht wird und die Droop-Regelung mit den entkoppelten Größen P'_{mess} und Q'_{mess} arbeiten kann. Der Nachweis ist analog für die transformierte Blindleistung Q'_{mess} möglich.

$$P'_{\text{mess}} = \frac{X_{\text{L}}}{Z_{\text{L}}} \cdot P_{\text{mess}} - \frac{R_{\text{L}}}{Z_{\text{L}}} \cdot Q_{\text{mess}} = \frac{X_{\text{L}}}{Z_{\text{L}}} \cdot P_{\text{DEA allg}} - \frac{R_{\text{L}}}{Z_{\text{L}}} \cdot Q_{\text{DEA allg}} \qquad (8\text{-}10)$$

Einschätzung der Droop-Regelung

Die Droop-Regelung ist ein einfaches Verfahren zur Regelung von gewollten Inselnetzen. Aufgrund der Analogie zur Primärregelung in Großkraftwerken ist eine verteilte Netzführung mit vielen DEA möglich, die Aufteilung der Leistung erfolgt dabei durch Auswahl der Statiken. Wird keine zusätzliche Sekundärregelung vorgesehen, treten im gewollten Inselnetz nach Laständerungen oder Änderungen an den DEA stationäre Abweichungen von U und f auf. Die Droop-Regelung berücksichtigt nicht die spannungs- oder frequenzabhängige Leistungsaufnahme der elektrischen Lasten.

8.1.2 Virtueller Synchrongenerator

Mit den Regelungen über Statiken wird das in Kraftwerken realisierte Verhalten auch auf DEA übertragen. Ein weiterer Schritt, um mit den DEA dem traditionellen Verhalten von Synchrongeneratoren näher zu kommen, ist die Verwendung einer virtuellen Trägheit (virtual inertia [77–81]). Bei dieser Form der Regelung wird der Wechselrichter häufig als virtueller Synchrongenerator oder als Synchroverter bezeichnet, da er sowohl Eigenschaften eines Synchrongenerators als auch eines Umrichters aufweist (im Folgenden als VSG-Regelung bezeichnet). Um das Verhalten von Generatoren am elektrischen Netz mit Wechselrichtern imitieren zu können wird die physikalische Trägheit der Generator-Schwungmassen durch eine zusätzliche VSG-Regelung nachgebildet.

Soll das gesamte Verhalten abgebildet werden, so kann mit Gl. (8-11) die gesamte Schwingungsgleichung implementiert werden. Bei der VSG-Regelung muss demnach eine virtuelle Trägheitskonstante J_{virt}, und eine virtuelle Dämpfungskonstante D_{virt} festgelegt werden. In der VSG-Regelung ergibt sich damit eine virtuelle Rotorkreisfrequenz $\omega_{\text{R virt}}$, aus der durch Integration der Bezugswinkel für die PWM generiert werden kann. Die virtuelle Turbinenleistung $P_{\text{turb virt}}$ entspricht dem Resultat einer virtuellen Turbinenregelung, welche, ähnlich der Primärregelung, mit $\omega_{\text{R virt}}$ als Eingangsgröße arbeitet. Das Konzept der VSG-Regelung ist in Bild 8-4 schematisch dargestellt.

$$P_{\text{turb virt}} - P = J_{\text{virt}} \cdot \omega_{\text{R virt}} \cdot \frac{\mathrm{d}\omega_{\text{R virt}}}{\mathrm{d}t} + D_{\text{virt}}(\omega_{\text{R virt}} - \omega) \tag{8-11}$$

Die VSG-Regelung kann durch zwei weitere Näherungsschritte vereinfacht werden. In manchen Fällen wird das Dämpfungsglied vernachlässigt, indem $D_{\text{virt}} = 0$ angenommen wird, wodurch sich Gl. (8-12) ergibt. Die Vernachlässigung der Dämpfung führt jedoch im Allgemeinen zu einer Reduzierung der Stabilität des Systems. Die Energie der virtuellen Trägheit kann dabei nur durch den Zwischenkreis des Wechselrichters bezogen werden und ist demnach stark begrenzt.

$$P_{\text{turb virt}} - P_{\text{e}} = J_{\text{virt}} \cdot \omega_{\text{R virt}} \cdot \frac{\mathrm{d}\omega_{\text{R virt}}}{\mathrm{d}t} \tag{8-12}$$

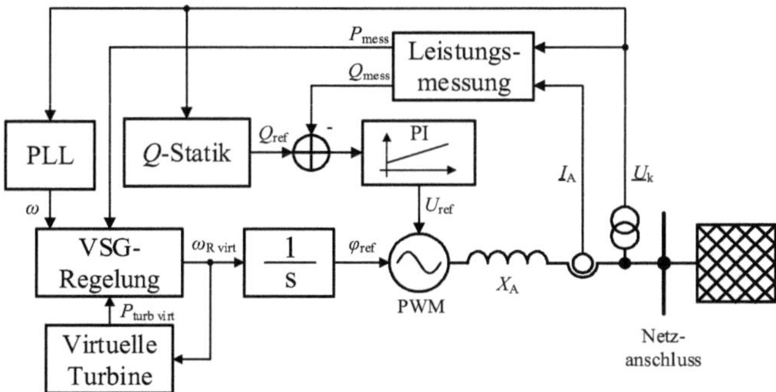

Bild 8-4: Konzept der VSG-Regelung an einem Wechselrichter

Die einfachste Variante ergibt sich mit der zusätzlichen Annahme $\omega_{\text{R virt}} \approx \omega_0$, die in der Regel zulässig ist, da sich auch in einem Inselnetz die Frequenz nur wenige Prozent von der Nennfrequenz entfernen kann, ohne dass eine Abschaltung erfolgt. Mit dieser Näherung ergibt sich Gl. (8-13). Die Transformation in den Laplacebereich in Gl. (8-14) zeigt, dass die Modellierung der VSG-Regelung in diesem Fall mit einem einfachen Integrationsglied erfolgen kann.

$$\frac{P_{\text{turb virt}} - P_{\text{e}}}{\omega_0} = J_{\text{virt}} \cdot \frac{\text{d}\omega_{\text{R virt}}}{\text{d}t} \tag{8-13}$$

$$\omega_{\text{R virt}} = \frac{1}{J_{\text{virt}}\omega_0 \cdot s} \cdot (P_{\text{turb virt}} - P_{\text{e}}) \tag{8-14}$$

Die Regelung der Spannung erfolgt über eine Q-U-Statik und eine Regelung der Blindleistungsabweichung mit einem PI-Regler.

Einschätzung des virtuellen Synchrongenerators

Durch Einsatz der virtuellen Trägheit kann die Stabilität des Gesamtsystems verbessert werden. Da der Wechselrichter, entsprechend der gewählten Parameter, langsamer auf Änderungen im System reagiert, wird die Sprungantwort des Systems verzögert und starke transiente Schwankungen werden verhindert. Wie in [80] dargestellt, kann aber auch mit einer normalen Droop-Regelung bereits ein ähnlich frequenzstabiles Verhalten erzielt werden. Dazu kann der aus der Statik ermittelte Sollwert der Frequenz mit einem lead-lag-Filter oder einer ähnlichen Anordnung verzögert werden. Auch durch diese Maßnahme werden zu starke Reaktionen auf Änderungen im System verhindert und die Stabilität verbessert.

Es ist zu beachten, dass mit der virtuellen Trägheit zwar die Stabilität des Systems verbessert werden kann, dies aber nicht tatsächlich die Kurzschlussleistung des Systems vergrößert. Während aus der Rotationsenergie des Synchrongenerators die Möglichkeit zur Einspeisung von Kurzschlussströmen resultiert, ist der Wechselrichter auch mit dieser Form der Regelung auf seinen Nennstrom begrenzt. Anderenfalls können die Halbleiterventile infolge der Überströme thermisch zerstört werden. Daraus resultiert eine starke Nichtlinearität beim Überschreiten des Wertes der Strombegrenzung.

8.1.3 Direkte Spannungsregelung

Beim Regelkonzept der direkten Spannungsregelung wird die von der DEA erzeugte Spannung direkt nach Referenzwerten eingestellt, anstatt diese aus anderen Größen wie der abgegebenen Leistung abzuleiten [36, 75]. Das Verfahren baut auf der Struktur der in Abschnitt 3.3 vorgestellten Regelung von Wechselrichtern auf wie in Bild 8-5 dargestellt ist. Anstelle von Leistungssollwerten werden hierbei Spannungssollwerte vorgegeben. Bei der in dq-Komponenten durchgeführten Regelung werden als Sollwerte $u_{\text{d k ref}} = u_{\text{n}}$ und $u_{\text{q k ref}} = 0$ eingestellt. Die Frequenz und damit die Phaseninformation der einzuspeisenden Spannung wird über einen internen Oszillator (zum Beispiel einen spannungsgesteuerten Oszillator - VCO) generiert.

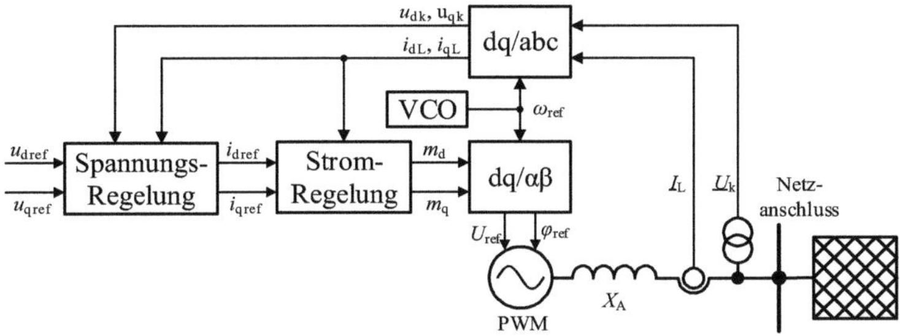

Bild 8-5: Konzept der direkten Spannungsregelung

Die Struktur der Spannungsregelung ist der Stromregelung, welche in Bild 3-7 aufgeführt wurde, sehr ähnlich. Sie ergibt sich aus dem Ausgangskreis des Wechselrichters, welcher in Bild 8-6a dargestellt ist. Für die Spannungsregelung muss nun auch die Kapazität C_f des Ausgangsfilters berücksichtigt werden. Es ergeben sich für die Ströme am Anschlussknoten des Wechselrichters die Gln. (8-15) und (8-16) in dq-Komponenten mit bezogenen Größen.

$$C_f \frac{du_{d\,k}}{dt} = C_f \omega \cdot u_{q\,k} + i_{d\,\text{DEA}} - i_{d\,L} \tag{8-15}$$

$$C_f \frac{du_{q\,k}}{dt} = -C_f \omega \cdot u_{d\,k} + i_{q\,\text{DEA}} - u_{q\,L} \tag{8-16}$$

Analog zur Stromregelung muss die durch C_f hervorgerufene Kopplung von d- und q-Komponente eliminiert werden. Dies erfolgt in der Reglerstruktur in Bild 8-6b durch die zusätzlichen Querzweige. In den Längszweigen wird der für die Sollspannung erforderliche Strom über einen PI-Regler ermittelt [36].

Mit diesem Regelkonzept kann ein gewolltes Inselnetz mit einer netzführenden Anlage sehr effizient geregelt werden. Der Nachteil der direkten Spannungsregelung ist jedoch,

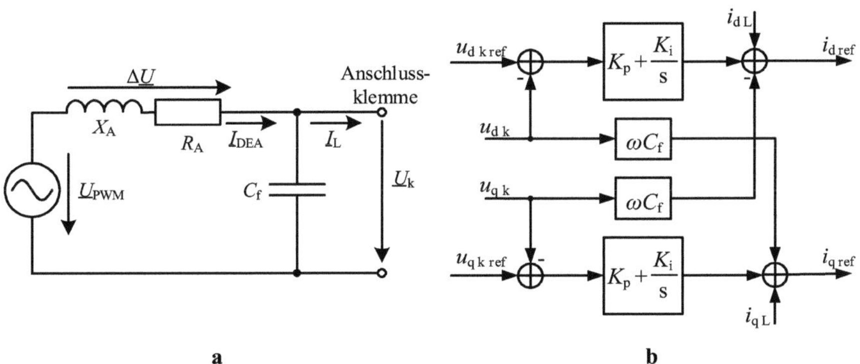

Bild 8-6: Realisierung der Spannungsregelung; **a** Ersatzschaltbild des Ausgangskreises eines Wechselrichters; **b** Regelschema der Spannungsregelung

dass die Netzführung nicht auf mehrere Anlagen verteilt werden kann, da die Leistungsaufteilung von der Beschaffenheit des elektrischen Netzes und der Verteilung der Lasten darin abhängt. Zudem kann die Regelung auf feste Sollspannungen an verschiedenen Punkten im Netz zu einem Kreisstrom zwischen den DEA führen, der große Blindleistungsbeiträge der Anlagen erfordert und die Leitungen unnötig belastet. Auch Oszillationen infolge kleiner Abweichungen der Spannungen sind nicht auszuschließen.

Betrieb mit mehreren DEA über eine virtuelle Impedanz

Um das Verfahren der direkten Spannungsregelung auch mit mehreren DEA effektiv anwenden zu können, kann die Regelung um eine virtuelle Impedanz (VI) ergänzt werden [82, 83]. Mit dieser wird eine gezielte Leistungsaufteilung zwischen den DEA ermöglicht. Die Sollspannung $\underline{U}_{\text{k ref}}$ wird nicht mehr für den lokalen Anschlusspunkt festgelegt, sondern für einen entfernten Punkt im Netz, der nach Bild 8-7a über eine VI angeschlossen ist. Die Sollspannung der Spannungsregelung am Anschlusspunkt ergibt sich dann nach Gl. (8-17) aus dem Spannungsabfall über der VI.

$$\underline{U}_{\text{k ref}} = \underline{U}_{\text{k ref0}} - \underline{Z}_{\text{virt}}\underline{I}_{\text{L}} \tag{8-17}$$

In der Spannungsregelung wird die VI durch eine Anpassung der Sollspannungen wie in Bild 8-7b erreicht. Der Betrag der gewählten VI bestimmt die Lastaufteilung zwischen den DEA, denn je weiter eine Anlage „virtuell" vom Bezugspunkt entfernt ist, desto geringer wird ihr Leistungsbeitrag. Im Vergleich zu den realen Leitungsparametern R_{L} und X_{L} sollte die VI nach Gl. (8-18) das gleiche R/X-Verhältnis aufweisen, da ansonsten die Lastaufteilung ungenauer wird. Mit dieser VI wird bei parallel betriebenen, netzführenden DEA in Abhängigkeit von den bezogenen VI $\underline{Z}_{\text{VI DEA 1}}$ und $\underline{Z}_{\text{virt DEA 2}}$ eine Leistungsaufteilung nach Gl. (8-19) erzielt.

$$\frac{R_{\text{VI}}}{X_{\text{VI}}} = \frac{R_{\text{L}}}{X_{\text{L}}} \tag{8-18}$$

$$\frac{\underline{I}_{\text{DEA 1}}}{\underline{I}_{\text{DEA 2}}} = \frac{\underline{Z}_{\text{VI DEA 2}}}{\underline{Z}_{\text{VI DEA 1}}} \cdot \frac{\underline{S}_{\text{r DEA 1}}}{\underline{S}_{\text{r DEA 2}}} \tag{8-19}$$

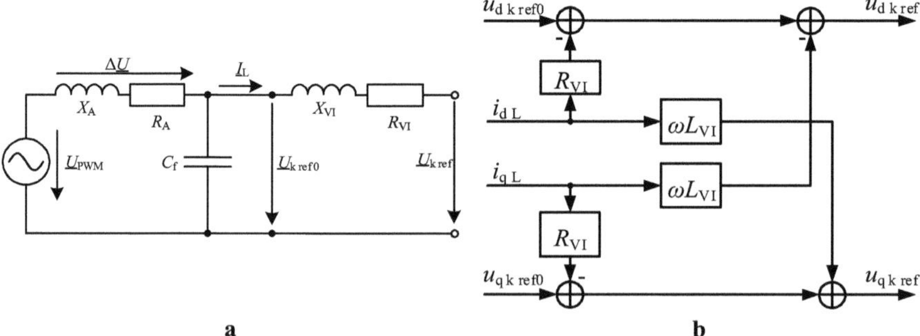

Bild 8-7: Konzept der virtuellen Impedanz (VI); **a** Ersatzschaltbild des Ausgangskreises mit VI; **b** Berücksichtigung der VI in der Regelung

Einschätzung der direkten Spannungsregelung

Die direkte Spannungsregelung ist geeignet, um Spannung und Frequenz in einem gewollten Inselnetz sehr effektiv zu regeln. Da im Gegensatz zu den anderen Konzepten die abgegebene Leistung nicht bekannt sein muss, kann die Leistungsmessung entfallen. Durch die Erweiterung um das Konzept der virtuellen Impedanz können auch mehrere DEA parallel mit der direkten Spannungsregelung betrieben werden.

Eine wesentliche Herausforderung bei der Parallelschaltung mehrerer DEA ist jedoch die Bildung der Referenzfrequenz. Diese muss zwischen den Anlagen synchronisiert sein, was eine Kommunikationsverbindung erforderlich macht. Alternativ dazu kann jedoch auch eine einzelne DEA zur Frequenzführung ausgewählt werden, während parallel betriebene DEA mit der über eine PLL ermittelten Frequenz einspeisen.

8.1.4 Indirekte Spannungsregelung mit Stromquellenverhalten

Bei dem neuen Regelungskonzept der indirekten Spannungsregelung wird in der DEA im Gegensatz zu den bisherigen Konzepten nicht direkt die einzuspeisende Spannung festgelegt. Stattdessen werden die sich im elektrischen Netz einstellenden Spannungen und Frequenzen genutzt, um über Leistungs-Statiken die einzuspeisende Leistung abzuleiten. Dies entspricht zunächst prinzipiell den umgekehrten Kennlinien der in Abschnitt 8.1.1 vorgestellten Droop-Regelung. Die Spannung im gewollten Inselnetz wird daher nur indirekt als Folge der angepassten Leistungseinspeisung geregelt.

Im Folgenden werden drei verschiedene Kennlinien, die in den DEA implementiert werden können, vorgestellt. Die Kennlinien werden im Erzeuger-Zählpfeilsystem dargestellt und beschrieben. Die Statik-Parameter s_f und s_U sind immer größer als Null und werden in Prozent angegeben. Die beiden Parameter beschreiben, wie stark die DEA auf Änderungen von U und f reagiert. Je kleiner der Statik-Parameter ist, desto größer wird die Leistungsänderung. In Bild 8-8 sind verschiedene Varianten der Statik für den als Beispiel ausgewählten Zusammenhang zwischen P und f dargestellt. Liegt der Arbeitspunkt bei der Hälfte der maximal zur Verfügung stehenden Leistung P_max, so ergibt sich die maximale Statik, unter der Maßgabe den gesamten zulässigen Bereich von f und P zu verwenden, nach Gl. (8-20). Um für verschiedene Anlagengrößen vergleichbare Statik-Parameter zu erhalten werden die Größen dabei auf ihre Referenzwerte bezogen.

$$s_\mathrm{f\,Grenz} = \frac{(f_\mathrm{max} - f_\mathrm{min})/f_0}{(P_\mathrm{max} - 0)/P_\mathrm{max}} \cdot 100\% = \frac{f_\mathrm{max} - f_\mathrm{min}}{f_0} \cdot 100\% \tag{8-20}$$

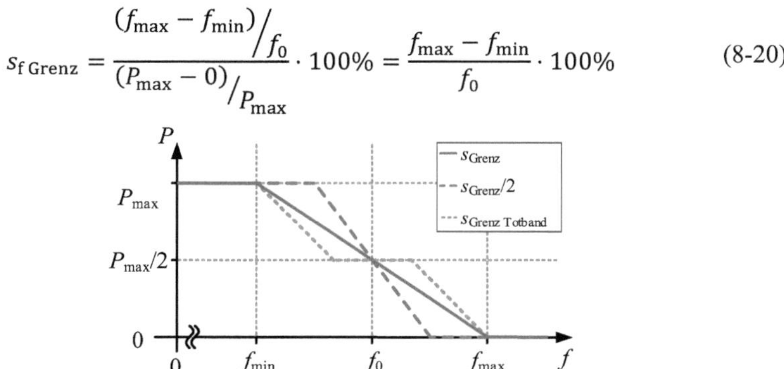

Bild 8-8: Schematische Darstellung verschiedener Varianten der Statik

Für eine symmetrische Anordnung der Frequenzgrenzen ($\pm 1{,}5$ Hz) ergibt sich mit $f_{max} - f_{min} = 3$ Hz für die Frequenz eine maximale Statik von $s_{f\,Grenz} = 6\%$. Analog lässt sich für die Spannung unter Annahme des Spannungstoleranzbereichs von $\pm\,10\,\%$ eine maximale Statik von $s_{u\,Grenz} = 20\%$ ermitteln. Aus verschiedenen Gründen kann es sinnvoll sein die Statik-Parameter wie in der zweiten Kurve in Bild 8-8 kleiner zu wählen:

- DEA befinden sich nicht generell in einem Arbeitspunkt bei der Hälfte ihrer Leistung; eine schnellere Reaktion im verbleibenden Band zur maximalen oder minimalen Leistung kann daher notwendig und sinnvoll sein

- Eine kleinere Statik führt allgemein zu einer stärkeren Reaktion bei Spannungs- und Frequenzänderung, sodass die stationären Abweichungen reduziert werden. Wird die Statik allerdings zu klein gewählt, reagieren die DEA schon auf geringe Abweichungen sehr stark und es können Instabilitäten auftreten.

- Durch unterschiedliche Statiken mehrerer DEA kann eine gezielte Lastaufteilung zwischen diesen Anlagen ermöglicht werden; ohne Berücksichtigung der elektrischen Leitungen zwischen den DEA gilt: eine halbierte Statik führt zu doppelter Leistungsübernahme im Vergleich zu gleich großen DEA. Die Statik bezieht sich stets auf die aktuelle, maximale zur Verfügung stehende Leistung und passt sich dadurch an Veränderungen der Primärenergiequellen an.

Um eine Abgrenzung der gewollten Inselnetzregelung vom Verbundnetzbetrieb zu ermöglichen, kann die Statik-Kennlinie um ein Totband ergänzt werden. Durch dieses wird bei kleinen Abweichungen von U und f noch nicht reagiert, sodass die Primärregelung von Großkraftwerken und anderen Anlagen im Verbundnetz für einen Leistungsausgleich sorgen kann. Erst bei größeren Abweichungen von den Referenzwerten wird wie in der dritten Kurve in Bild 8-8 eine Änderung der eingespeisten Leistung erforderlich. Praktisch bietet sich ein Totband im Bereich 49,8 – 50,2 Hz an, da innerhalb dieses Bandes die Primärregelung der Kraftwerke komplett aktiviert wird. Die Statik im dadurch verbleibenden Bereich zu den f- und U-Grenzen sollte bei Implementierung eines Totbandes ebenfalls kleiner als s_{Grenz} gewählt werden.

Für die folgenden Kennlinien werden die maximal möglichen Leistungen P_{max} und Q_{max} als Referenzgrößen angenommen. Dabei ist zu beachten, dass die maximal abzugebende Wirkleistung abhängig von den aktuellen Gegebenheiten (Solarstrahlung, Wind u.ä.) nachgeführt werden muss. Die maximale Blindleistung hingegen wird im Wesentlichen durch die maximale Strombelastbarkeit der Ventile des Wechselrichters begrenzt. Die Arbeitspunkte $P_{DEA\,0}$ und $Q_{DEA\,0}$ können im Rahmen einer Sekundärregelung nachgeführt werden, um stationäre Abweichungen von U und f zu minimieren.

Traditionelle Statik mit P/f und Q/U-Verhalten

Im ersten Ansatz wird die traditionelle Statik (ST_PF/QU) aus der Kraftwerksregelung genutzt, welche in den DEA ein P/f- und ein Q/U-Verhalten implementiert. Diese Statik wird mit den Gln. (8-21) und (8-22) beschrieben. Es gelten damit die Zusammenhänge:

- f steigt $\rightarrow$ eingespeiste Wirkleistung wird reduziert
- U steigt $\rightarrow$ eingespeiste Blindleistung wird reduziert

Bei diesem Ansatz wird demnach über die Statik ein P-f-Zusammenhang in das elektrische Netz eingebracht, welcher physikalisch aufgrund des Fehlens von Schwungmassen nicht mehr existiert.

$$P_{\mathrm{DEA}} = P_{\mathrm{DEA}\,0} - \frac{100\%}{s_{\mathrm{fp}}} \cdot \frac{f - f_0}{f_0} \cdot P_{\max} \tag{8-21}$$

$$Q_{\mathrm{DEA}} = Q_{\mathrm{DEA}\,0} - \frac{100\%}{s_{\mathrm{uq}}} \cdot \frac{U - U_0}{U_0} \cdot Q_{\max} \tag{8-22}$$

Neue Statik mit *P/U* und *Q/f*-Verhalten

Aus der Untersuchung zum spannungs- und frequenzabhängigen Verhalten elektrischer Lasten ist bekannt, dass in einem wechselrichtergespeisten Netz kein inhärenter Zusammenhang zwischen P und f existiert. Stattdessen konnte ein Zusammenhang zwischen der Wirkleistung und der Spannung nachgewiesen werden. Auf dieser Grundlage wird für diese Kennlinie ST_PU/QF eine spannungsabhängige Wirkleistungsänderung nach Gl. (8-23) vorgesehen. Außerdem ist aus Kapitel 4 bekannt, dass sich die Blindleistungsaufnahme der elektrischen Lasten ungefähr umgekehrt proportional zur Frequenz verändert. Um dieses Verhalten im gewollten Inselnetz zur Verbesserung der Stabilität nutzen zu können, wird in Gl. (8-24) ein Zusammenhang zwischen Blindleistung und Frequenz hergestellt. Es gilt damit:

- f steigt   →   eingespeiste Blindleistung wird vergrößert
- U steigt   →   eingespeiste Wirkleistung wird reduziert

$$P_{\mathrm{DEA}} = P_{\mathrm{DEA}\,0} - \frac{100\%}{s_{\mathrm{up}}} \cdot \frac{U - U_0}{U_0} \cdot P_{\max} \tag{8-23}$$

$$Q_{\mathrm{DEA}} = Q_{\mathrm{DEA}\,0} + \frac{100\%}{s_{\mathrm{fq}}} \cdot \frac{f - f_0}{f_0} \cdot Q_{\max} \tag{8-24}$$

Gemischte Statik mit *P/(f* und *U)* und *Q/(f* und *U)*-Verhalten

Die Untersuchung der ungewollten Inselnetze ergab, dass für die realitätsnahen Lasten L_RL (siehe Bild 6-4) und L_REA (siehe Bild 6-7) eine gemischte Abhängigkeit zwischen U und f zu P und Q besteht. Um diese gemischte Abhängigkeit wiedergeben zu können wurden als dritte Variante die beiden Statiken ST_PQUF in den Gln. (8-25) und (8-26) entworfen. Hierbei gilt:

- f steigt   →   Wirkleistung wird verringert, Blindleistung wird vergrößert
- U steigt   →   eingespeiste Wirk- und Blindleistung werden reduziert

Entsprechend des Verhaltens in ungewollten Inselnetzen kann sowohl ein Spannungsanstieg, als auch in geringem Maße ein Frequenzanstieg ein Hinweis auf einen Leistungsüberschuss sein und führt in dieser Variante zur Reduzierung der Einspeisung. Bei der Blindleistung kann sowohl eine steigende Spannung als auch eine sinkende Frequenz als Hinweis auf einen Überschuss dienen. Dementsprechend bedingen Spannungs- und Frequenzänderungen nach dieser Kennlinie gegenläufige Änderungen der Blindleistung. Da das Toleranzband von U und f unterschiedlich ist, sind s_{fp} und s_{up} sowie s_{fq} und s_{uq} nicht zwangsläufig identisch.

$$P_{\mathrm{DEA}} = P_{\mathrm{DEA}\,0} - \left(\frac{100\%}{s_{\mathrm{fp}}} \cdot \frac{f - f_0}{f_0} + \frac{100\%}{s_{\mathrm{up}}} \cdot \frac{U - U_0}{U_0} \right) \cdot P_{\max} \qquad (8\text{-}25)$$

$$Q_{\mathrm{DEA}} = Q_{\mathrm{DEA}\,0} - \left(-\frac{100\%}{s_{\mathrm{fq}}} \cdot \frac{f - f_0}{f_0} + \frac{100\%}{s_{\mathrm{uq}}} \cdot \frac{U - U_0}{U_0} \right) \cdot Q_{\max} \qquad (8\text{-}26)$$

Einschätzung der indirekten Spannungsregelung

Mit dem Regelungskonzept der indirekten Spannungsregelung wird ein sehr einfacher Betrieb von gewollten Inselnetzen möglich. Da auch in diesem Verfahren mit Statiken gearbeitet wird, verbleiben stationäre Abweichungen von Spannung und Frequenz. Dabei gilt: je kleiner die eingestellten Statikparameter s_u und s_f sind, desto weniger weichen die Werte vom Referenzwert ab. Durch Ergänzen einer Sekundärregelung können stationäre Abweichungen verhindert werden. Dazu müssen Anlagen bestimmt werden, die dazu in der Lage sind und über ein I-Glied ihren Arbeitspunkt $P_{\mathrm{DEA}\,0}$ und $Q_{\mathrm{DEA}\,0}$ nachführen.

Die indirekte Spannungsregelung kann mit beliebig vielen DEA realisiert werden. Die Ergänzung um neue Anlagen erfordert dabei weder den Anschluss an Kommunikationstechnik noch eine Umparametrierung bestehender Anlagen, da sich die zur Verfügung zu stellende Leistung auf alle beteiligten Anlagen aufteilt. Auch Altanlagen mit konstanter Leistungseinspeisung können eingebunden werden. Im optimalen Fall kann bei diesen Anlagen die Software angepasst werden, damit sich die Anlagen an der Regelung beteiligen. Aber auch mit konstanter Leistungseinspeisung können diese DEA in der Regel problemlos weiterbetrieben werden, solange ihre eingespeiste Leistung nicht die elektrische Last im Inselnetz überschreitet.

Die Koordination zur regulären Primärregelung im Verbundbetrieb kann durch Ergänzung um ein Totbandverhalten in engen Grenzen um die Referenzwerte von U und f erfolgen. Mögliche Totbänder sind für die Frequenz $49{,}8 - 50{,}2$ Hz und für die Spannung $0{,}975 - 1{,}025 \cdot U_\mathrm{c}$ (vereinbarte Versorgungsspannung). Eine Reaktion im Normalbetrieb kann damit weitestgehend vermieden werden. Durch das Totband wird allerdings der zur Verfügung stehende Regelbereich verkleinert. Dies hat zur Folge, dass die stationären Abweichungen von U und f im gewollten Inselnetz größer werden. Für den gewollten Inselnetzbetrieb könnten daher erweiterte Spannungs- und Frequenzgrenzen eingeführt werden, die auch im ES realisiert sein müssen.

8.2 Realisierung der indirekten Spannungsregelung

Im Folgenden wird die indirekte Spannungsregelung analytisch hinsichtlich der stationären Endwerte und Lastaufteilung untersucht und anschließend das dynamische Verhalten im gewollten Inselnetz bei Lastsprüngen analysiert.

8.2.1 Bewertung der stationären Werte von Spannung und Frequenz

Um die drei verschiedenen Kennlinien miteinander vergleichen zu können, wurden die Bewertungsparameter R_f und R_U in den Gln. (8-27) und (8-28) entwickelt. Diese sind der Struktur des Bestimmtheitsmaßes nachempfunden. Je näher die stationären Endwerte f_stat und U_stat an den Referenzwerten f_0 und U_0 liegen, desto größer werden R_f und R_U. Entsprechen alle stationären Endwerte den Referenzwerten, so werden R_f und R_U maximal Eins. Solange alle Werte von $U_{\mathrm{stat}\,i}$ und $f_{\mathrm{stat}\,i}$ innerhalb oder auf den gewählten

Grenzen (hier $f_{\mathrm{max}} = 51{,}5$ Hz und $U_{\mathrm{max}} = 1{,}1 \cdot U_0$) liegen, können R_{f} und R_{U} nicht kleiner als Null werden.

$$R_f = 1 - \frac{\sum_{i=1}^{n}(f_{\mathrm{stat}\,i} - f_0)^2}{n \cdot (f_{\mathrm{max}} - f_0)^2} \tag{8-27}$$

$$R_U = 1 - \frac{\sum_{i=1}^{n}(U_{\mathrm{stat}\,i} - U_0)^2}{n \cdot (U_{\mathrm{max}} - U_0)^2} \tag{8-28}$$

Die sich im Inselnetz stationär einstellenden Werte von U und f wurden sowohl für den Fall der konstanten Leistungseinspeisung, als auch für die drei verschiedenen Kennlinien numerisch berechnet. Dabei wurde die Ein-Sammelschienen-Anordnung verwendet und die Last L_RL modelliert. Analog zur Untersuchung der NDZ in Kapitel 6 wurden in unterschiedlichem Maße ausgeglichene Leistungsbilanzen verwendet. Für das gewollte Inselnetz ist die Einhaltung der Spannungs- und Frequenzgrenzen jedoch der angestrebte Fall, sodass der Bereich ohne Abschaltung der Anlagen als stabile Inselnetzzone (SIZ) bezeichnet wird.

Referenzfall mit konstanter Leistungseinspeisung der DEA

Für den Referenzfall mit konstanter Leistungseinspeisung ergaben sich für unterschiedliche P_{EL} und Q_{EL} der EL die Spannungen und Frequenzen als die blauen Flächen in Bild 8-9a und b. Mit den gelben Ebenen werden die gewählten Grenzen von Spannung (± 10 %) und Frequenz (± 3 %) kenntlich gemacht.

Legt man die Bereiche mit zulässigen Spannungs- und Frequenzwerten übereinander, so ergibt sich als Schnittfläche ein Bereich für die SIZ in Bild 8-10 ähnlich der NDZ, die bereits analytisch in Bild 6-3a ermittelt wurde. Analog zur NDZ wurden die Kriterien, die außerhalb der SIZ verletzt werden, ebenfalls dargestellt. Es ist zu erkennen, dass die stationären Werte, wie durch die bekannte NDZ zu erwarten war, für die meisten Fälle außerhalb der Grenzen liegen.

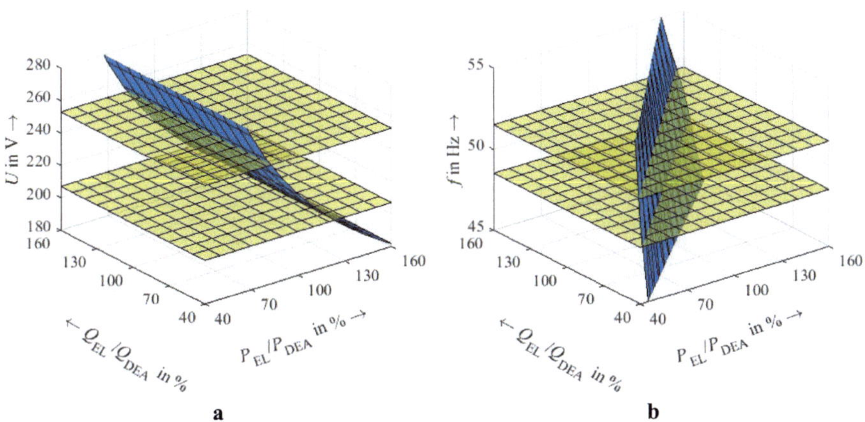

a   b

Bild 8-9: Stationäre Werte im Inselnetz mit konstanter Leistungseinspeisung (in blau); **a** Spannung; **b** Frequenz

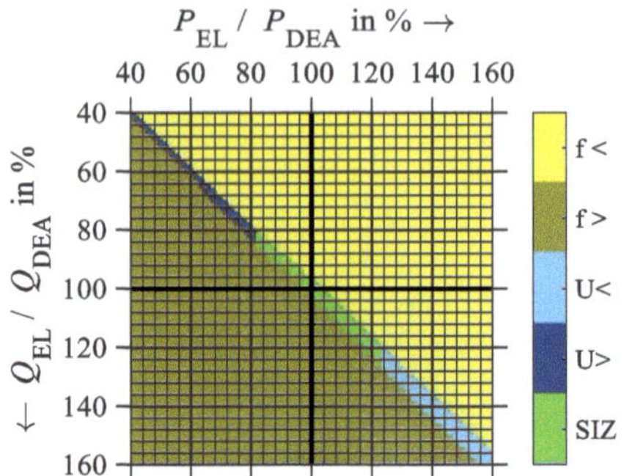

Bild 8-10: Analytisch bestimmte SIZ für den Referenzfall
mit konstanter Leistungseinspeisung der DEA

Statik-Kennlinien der indirekten Spannungsregelung

Durch die Statik-Kennlinien der indirekten Spannungsregelung soll erreicht werden, dass sowohl U als auch f in einem möglichst großen Bereich innerhalb der Grenzen liegen. Für ST_PF/QU ist dies mit $s_{fp} = 6\ \%$ und $s_{uq} = 20\ \%$ in Bild 8-11 dargestellt. Mit dieser Statik können demnach in allen Situationen stationäre Endwerte innerhalb der festgesetzten Grenzen erzielt werden. Diese könnten durch eine überlagerte Regelung, beispielsweise in Form einer Sekundärregelung, ausgeglichen werden.

Vergleich der Kennlinien

Um die Kennlinien untereinander vergleichen zu können, wurden in Tabelle 8-1 die berechneten Bewertungsparameter R_f und R_U für die untersuchten Leistungsbereiche $40\ \% - 160\ \%\ P_{EL}/P_{DEA}$ und Q_{EL}/Q_{DEA} eingetragen. Für die maximalen Werte der Statiken (siehe Bild 8-8) konnten alle drei Kennlinien in jeder Situation stationäre Werte

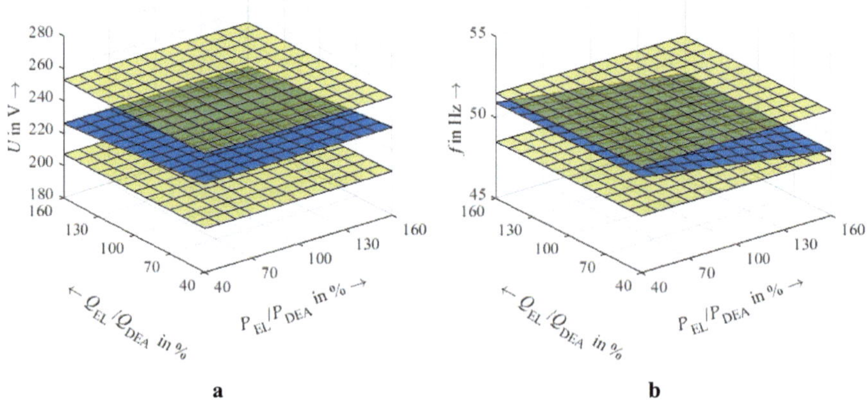

Bild 8-11: Stationäre Werte im gewollten Inselnetz mit ST_PF/QU mit den Parametern
$s_{fp} = 6\ \%$ und $s_{uq} = 20\ \%$ (in blau); **a** Spannung; **b** Frequenz

von U und f innerhalb der Grenzen gewährleisten. Wie zu erwarten war, wird die stationäre Abweichung für alle Kennlinien geringer, je kleiner die Statik-Parameter gewählt werden. Die über eine Blindleistungsstatik indirekt geregelte Größe weist kleinere Abweichungen zum Referenzwert auf, so kann mit einer $Q(U)$-Kennlinie die Spannung und mit einer $Q(f)$-Kennlinie die Frequenz in einem engeren Bereich um die Referenzwerte stabilisiert werden, wie sich an den größeren Werten von R_U und R_f jeweils ablesen lässt. Insgesamt stellt ST_PU/QF mit $P(U)$- und $Q(f)$-Kennlinien gegenüber ST_PF/QU eine geringfügige Verbesserung dar. Die Statik ST_PQUF mit der Abhängigkeit von U und f erzielt bei gleichen Statik-Parametern wesentlich bessere Ergebnisse, woraus geschlossen werden kann, dass die spannungs- und frequenzabhängige Leistungsaufnahme der Last mit diesen Kennlinien optimal zur indirekten Spannungsregelung genutzt werden kann.

Tabelle 8-1: Bewertungsparameter für verschiedene Statik-Kennlinien und -Parameter

Kennlinie	ST_PF/QU			ST_PU/QF			ST_PQUF		
s_fp	12 %	6 %	3 %	-	-	-	12 %	6 %	3 %
s_up	-	-	-	40 %	20 %	10 %	40 %	20 %	10 %
s_fq	-	-	-	12 %	6 %	3 %	12 %	6 %	3 %
s_uq	40 %	20 %	10 %	-	-	-	40 %	20 %	10 %
R_f	0,44	0,86	0,97	0,93	0,98	1,00	0,87	0,97	0,99
R_U	0,95	0,99	1,00	0,70	0,90	0,97	0,90	0,97	0,99

8.2.2 Leistungsaufteilung

Es konnte an der Ein-Sammelschienen-Anordnung gezeigt werden, dass mit verschiedenen Kennlinien der indirekten Spannungsregelung eine Stabilisierung von gewollten Inselnetzen innerhalb von Spannungs- und Frequenzgrenzen möglich ist. In der Regel werden in einem Inselnetz jedoch mehrere DEA gemeinsam agieren. Um die sich bei mehreren DEA einstellende Leistungsaufteilung zu untersuchen, wurde die Schaltung in Bild 8-12 mit unterschiedlich langen Leitungen zwischen DEA und Last verwendet. Es handelt sich in dieser Untersuchung um zwei NS-DEA, die gemeinsam auf eine EL mit $P_L = 10$ kW und $Q_L = 3{,}27$ kvar speisen. Für die verschiedenen Kennlinien der indirekten Spannungsregelung und verschiedene X_L/R_L-Verhältnisse wurde die Leistungsaufteilung im Falle von Laständerungen im gewollten Inselnetz untersucht.

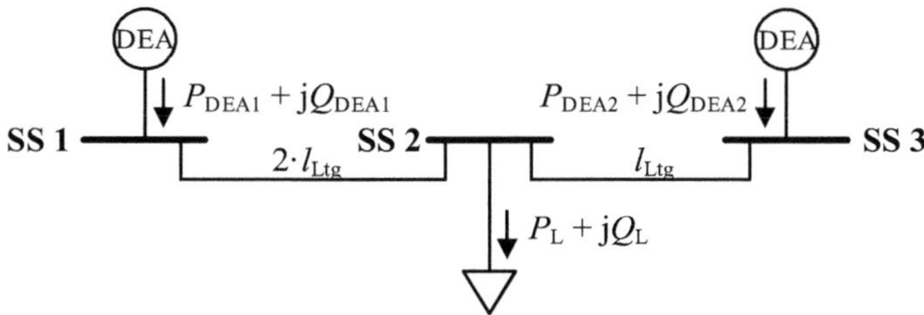

Bild 8-12: Anordnung zweier DEA zur Untersuchung der Lastaufteilung

Identische Statik-Parameter der DEA

Für die Statik-Parameter $s_f = 6\,\%$ und $s_u = 20\,\%$ in beiden DEA und einen Lastsprung von $+20\,\%$ von P_L und Q_L ergaben sich die Leistungsaufteilungen in Tabelle 8-2. Da beide DEA die gleichen Statik-Parameter aufwiesen, sollte sich die Leistungsänderung im Idealfall gleichmäßig auf beide Anlagen verteilen.

Bei den unterschiedlichen Leitungslängen zwischen den DEA und der Last erfolgt die Leistungsaufteilung über eine Spannungs-Statik jedoch nicht perfekt gleichmäßig. Die Aufteilung wird dabei durch den unterschiedlichen Spannungsabfall über den Leitungen beeinflusst. Elektrisch weiter entfernte Anlagen leisten dabei einen geringeren Beitrag an der zusätzlichen Leistung. Je länger die Leitungen sind, desto größer ist auch der Spannungsabfall über den Leitungen und umso mehr weicht die Aufteilung der Leistungsänderung von der in diesem Fall angestrebten Idealaufteilung Eins ab.

Die Leitungsparameter wirken sich ebenfalls auf die Leistungsverteilung der indirekten Spannungsregelung aus. Die Leistungsaufteilung der spannungsabhängigen Statiken wird dabei mit steigendem X_L/R_L-Verhältnis gleichmäßiger. In diesen Fällen ändert sich durch den Spannungsabfall über der Leitung vorrangig der Winkel zwischen den Spannungen an den verschiedenen Sammelschienen und nur in geringerem Maße der Betrag der Spannung. Da für die indirekte Spannungsregelung nur der Spannungsbetrag am Anschlusspunkt der DEA von Bedeutung ist, wird die Lastaufteilung bei $X_L > R_L$ besser. Die allein über die Frequenz durchgeführte Leistungsaufteilung hingegen wird vom X_L/R_L-Verhältnis nicht beeinflusst, da die Frequenz im gesamten Inselnetz im stationären Fall identisch ist und demnach an allen DEA als identische Eingangsgröße vorliegt. Auch Einflussgrößen wie die Leitungslänge beeinflussen die reinen Frequenz-Statiken nicht.

Tabelle 8-2: Leistungsaufteilung für verschiedene Kennlinien und Leitungslängen

Leitungs-längen	Kennlinie	ST_PF/QU			ST_PU/QF			ST_PQUF		
	X_L/R_L der Ltg.	3	1	0,33	3	1	0,33	3	1	0,33
0,25 km / 0,5 km	$\Delta P_{DEA2}/\Delta P_{DEA1}$	1,00	1,00	1,00	1,01	1,01	1,02	1,01	1,01	1,01
	$\Delta Q_{DEA2}/\Delta Q_{DEA1}$	1,03	1,05	1,05	1,00	1,00	1,00	1,03	1,05	1,05
0,5 km / 1,0 km	$\Delta P_{DEA2}/\Delta P_{DEA1}$	1,00	1,00	1,00	1,05	1,07	1,07	1,04	1,06	1,07
	$\Delta Q_{DEA2}/\Delta Q_{DEA1}$	1,13	1,20	1,25	1,00	1,00	1,00	1,10	1,19	1,22

Unterschiedliche Statik-Parameter der DEA

Im zweiten Durchgang wurde für DEA 2 die halbe Statik eingestellt um bei einer Laständerung doppelt so viel Leistung zur Verfügung zu stellen wie DEA 1. Die Ergebnisse in Tabelle 8-3 zeigen, dass dieses angestrebte Verhalten erzielt wird, sogar mit größerer Genauigkeit als im Falle der identischen Statiken beider DEA. Die Ursache liegt hierbei jedoch insbesondere in der Anordnung der DEA. Zwar weist DEA 2 nur den halben Leitungsabstand zur Last auf, durch den größeren Beitrag zur Leistungsänderung vergrößert sich aber auch der Stromfluss auf der Leitung zur Last doppelt so stark wie auf der Leitung von DEA 1 zur Last. Dadurch wird auf der Leitung trotz der halben Leitungslänge ungefähr der gleiche zusätzliche Spannungsfall hervorgerufen.

Bei davon abweichenden Leitungslängen und Statik-Verhältnissen ist zu erwarten, dass sich die Leistungsaufteilung aufgrund verschiedener Spannungen an den Sammelschienen der DEA weniger exakt ausprägt.

Tabelle 8-3: Leistungsaufteilung bei unterschiedlichen Statiken der DEA

Leitungs-längen	Kennlinie	ST_PF/QU			ST_PU/QF			ST_PQUF		
	X_L/R_L	3	1	0,33	3	1	0,33	3	1	0,33
0,25 km / 0,5 km	$\Delta P_{DEA2}/\Delta P_{DEA1}$	2,00	2,00	2,00	1,99	1,99	1,99	1,98	1,99	1,99
	$\Delta Q_{DEA2}/\Delta Q_{DEA1}$	1,98	1,99	1,99	2,00	2,00	2,00	1,94	1,99	2,00
0,5 km / 1,0 km	$\Delta P_{DEA2}/\Delta P_{DEA1}$	2,00	2,00	2,00	2,01	2,01	2,01	1,99	2,01	2,00
	$\Delta Q_{DEA2}/\Delta Q_{DEA1}$	1,99	1,99	1,99	2,00	2,00	2,00	2,00	2,02	2,02

8.2.3 Dynamische Simulation exemplarischer Fälle

Das Konzept der indirekten Spannungsregelung soll für den laufenden Betrieb eines gewollten Inselnetzes untersucht werden. Der Schwarzstartvorgang selbst wird dabei als bereits abgeschlossen betrachtet. Da vom Start nach einer Versorgungsunterbrechung ausgegangen wird, kann der Eigenbedarf zunächst nicht durch das elektrische Versorgungsnetz gedeckt werden. Für die meisten DEA wird daher für den Schwarzstart ein elektrischer Speicher benötigt, der den Eigenbedarf der Anlagen während des Anlaufvorgangs deckt. Im weiteren Verlauf des Inselnetzbetriebs kann dieser Speicher an der Regelung beteiligt werden, wobei berücksichtigt werden muss, dass die Speicherkapazität aufgrund wirtschaftlicher Betrachtungen den Eigenbedarf der DEA zum Schwarzstart in vielen Fällen nicht erheblich überschreiten wird. Damit ist die Wirkleistungsregelfähigkeit des Speichers stark limitiert. Da elektrische Speicher jedoch über einen Wechselrichter angeschlossen sind, besitzen sie die Möglichkeit zur Blindleistungsbereitstellung, da diese unabhängig vom angeschlossenen Speichermedium und der Speichertechnologie ist.

Im Gegensatz zur Grundlastfähigkeit großer Kraftwerke hat die Volatilität der erneuerbaren Energiequellen wie Sonne und Wind zur Folge, dass nicht mit allen DEA für jeden Zeitpunkt die Vollversorgung des zugehörigen Teilnetzes möglich ist. Dies kann durch einen entsprechend dimensionierten Speicher jedoch ausgeglichen werden. Im Folgenden wird davon ausgegangen, dass die zur Verfügung stehende Leistung der DEA bilanziell ausreicht, um das gesamte Inselnetz zu versorgen.

Für die dynamische Simulation wird das in Abschnitt 5.1.2 vorgestellte generische Verteilnetz verwendet. Die Untersuchung beschränkt sich hierbei auf das städtische Netz, welches in Bild 8-13 dargestellt ist. Es wird die Anordnung E_DEZ genutzt, sodass sich an jeder SS eine DEA befindet. Das städtische Netz ist zu Beginn der Simulation bereits als gewolltes Inselnetz vom vorgelagerten Netz getrennt und weist ausgeglichene Leistungsbilanzen auf. Die Spannung liegt wie im realen Netzbetrieb in der Regel angestrebt bereits zu Beginn auf MS-Seite etwas über 1 p.u., um Spannungsabfälle über den Leitungen und Transformatoren bis zu den EL zu kompensieren. An SS 6 ist eine zusätzliche Last angeschlossen, welche 20 % der $\sum P_{EL}$ und $\sum Q_{EL}$ der restlichen Lasten entspricht. Diese wird zum Zeitpunkt $t = 0$ zugeschaltet und das Verhalten von den DEA an SS 1, 6 und 10 untersucht. Diese drei DEA weisen markante Positionen im Netz auf:

- SS 1: DEA befindet sich in der größten Entfernung zur zugeschalteten Last, bezogen auf die Leitungslänge

- SS 6: DEA befindet sich an der gleichen SS wie die zugeschaltete Last

- SS 10: Zwischen dieser DEA und der zugeschalteten Last befinden sich die meisten anderen SS und damit auch die meisten anderen DEA

In den DEA wurden die drei verschiedenen Statiken, die für die indirekte Spannungsregelung in Abschnitt 8.1.4 eingeführt wurden, implementiert. Für die Spannungs-Statiken wird dabei die Klemmenspannung im stationären Zustand vor der Lastzuschaltung als U_0 gewählt. Als f_0 werden 50 Hz eingestellt.

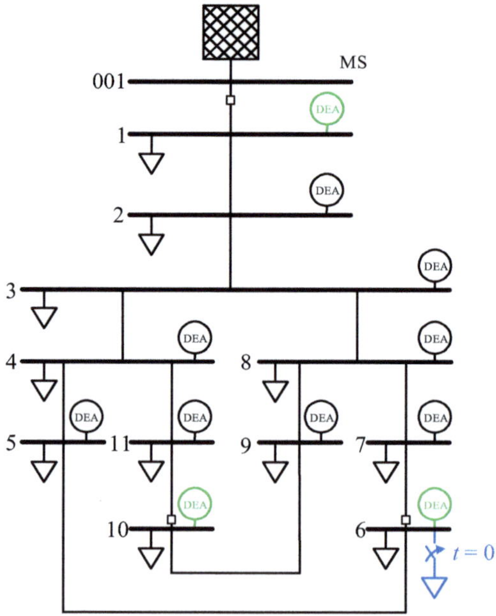

Bild 8-13: Schematische Darstellung des generischen Verteilnetzes mit untersuchten DEA (grün markiert) und zugeschalteter Last (blau markiert)

Optimierung der Regelungsdynamik

Während der dynamischen Übergangsvorgänge bei Laständerungen treten im elektrischen System auch Änderungen des Spannungswinkels auf. Die PLL der DEA kann den Referenz-Spannungswinkel nicht unverzögert nachführen. Dadurch tritt temporär in der Spannung, die aus der dq-Transformation entsteht, eine q-Komponente auf. Diese wurde bislang vernachlässigt, weil die PLL diese im stationären Fall eliminiert, muss aber für ein schnelleres Nachführen der Leistungen berücksichtigt werden. Dazu werden die exakten Momentanleistungen p und q aus den Gln. (3-7) und (3-8) als Gleichungssystem mit den beiden Unbekannten i_{dL} und i_{qL} interpretiert und nach diesen beiden Größen aufgelöst. Es ergeben sich die Gln. (8-29) und (8-30), mit denen die Referenzströme für den Stromregler der DEA trotz q-Komponente der Spannung ermittelt werden können.

$$i_{dL} = \frac{2}{3} \cdot \frac{u_{dk} \cdot p + u_{qk} \cdot q}{u_{dk}^2 + u_{qk}^2} \qquad (8\text{-}29)$$

$$i_{qL} = \frac{2}{3} \cdot \frac{u_{qk} \cdot p - u_{dk} \cdot q}{u_{dk}^2 + u_{qk}^2} \qquad (8\text{-}30)$$

Durch die fehlende Massenträgheit der DEA werden in manchen Fällen bei großen Lastsprüngen die Grenzen des ES in Abhängigkeit von der Regelgeschwindigkeit kurzzeitig verletzt. Eine zu schnell reagierende Regelung der DEA kann aber zu einem aufschwingenden Verhalten einer größeren Anzahl von DEA führen. Deswegen muss in der Praxis zwischen der Geschwindigkeit der Regelung und der Verzögerungszeit des ES ein Optimum gefunden werden.

Ergebnisse der Simulation

Die Ergebnisse der Simulation für ST_PF/QU sind in Bild 8-14 dargestellt. Da in diesem masselosen System kein physikalischer Zusammenhang zwischen P und f besteht, erfolgt der Leistungsausgleich bei ST_PF/QU nur indirekt über die zusätzliche Abhängigkeit von Q_{EL} zu U und f wie bereits in Abschnitt 6.1.3 gezeigt werden konnte. Dieser indirekte und dadurch verzögerte Leistungsausgleich bei ST_PF/QU führt zu einem starken Schwingen der Leistungseinspeisung. Um zu verhindern, dass sich die DEA gegenseitig aufschwingen und das System instabil wird, müssen die Sollwerte von P_{DEA} und Q_{DEA} über eine PT1-Glied verzögert werden. In der Untersuchung wurde ermittelt, dass mit einer Verzögerungszeit von $T_v = 2000$ ms eine Stabilisierung erzielt werden kann.

Mit ST_PF/QU werden bei der 20 %-Lastzuschaltung die Grenzen des ES nicht überschritten. Größere Lastzuschaltungen oder –abschaltungen können jedoch dazu führen, dass infolge des Spannungs- oder Frequenzschutzes eine Entkopplung der DEA erfolgt. Da diese das Zusammenbrechen des gewollten Inselnetzes zur Folge hätte, müssen entweder die zulässigen Lastschaltungen begrenzt werden (zum Beispiel durch kaskadierte Zu- oder Abschaltungen) oder die Grenzen des ES im Rahmen des Betriebs gewollter Inselnetze erweitert werden.

Es zeigt sich in Bild 8-14d, dass die DEA an SS 6 aufgrund der räumlichen Nähe trotz identischer Statik einen wesentlich größeren Teil der zusätzlichen Blindleistung übernimmt. Dieser Effekt wurde bereits bei der Leistungsaufteilung in Abschnitt 8.2.2 beobachtet. Nur bei der reinen Frequenz-Statik wird gleichmäßig Wirkleistung von allen DEA übernommen, wie in Bild 8-14c deutlich wird.

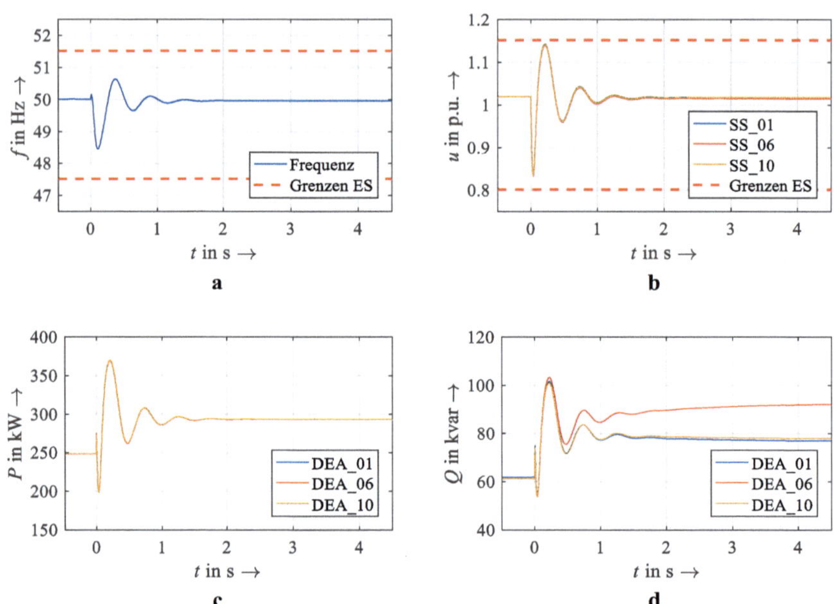

Bild 8-14: Lastzuschaltung von 20 % mit ST_PF/QU und T_v = 2000 ms; **a** Frequenz;
b Spannung; **c** Wirkleistung; **d** Blindleistung

Mit der neuen Statik ST_PU/QF, deren Verhalten bei einer Lastzuschaltung in Bild 8-15 dargestellt ist, kann das Verhalten der DEA optimiert werden. Im Gegensatz zu ST_PF/QU schwingen sich die DEA nicht gegenseitig auf, sodass eine geringere Verzögerungszeit von $T_v = 20$ ms der Sollwerte der Leistungen genutzt werden kann. Dadurch kann der neue stationäre Zustand innerhalb von vier Perioden erreicht werden. Spannung und Frequenz weisen nur sehr geringe transiente Abweichungen von den Sollwerten auf. Die Ursache für dieses stabilere Verhalten ist das unterstützende Verhalten der EL. Während der Leistungsausgleich mit ST_PF/QU wie beschrieben nur indirekt erfolgt, nutzt ST_PU/QF das spannungs- und frequenzabhängige Lastverhalten für einen direkten Leistungsausgleich.

Im Gegensatz zu ST_PF/QU wird über f die Blindleistung angepasst. Dies zeigt sich auch an der idealen Aufteilung der zusätzlich benötigten Blindleistung auf alle DEA in Bild 8-15d. Die Spannungs-Statik führt jedoch zu einer höheren Lastübernahme der DEA an SS 6, wie in Bild 8-15c zu sehen ist.

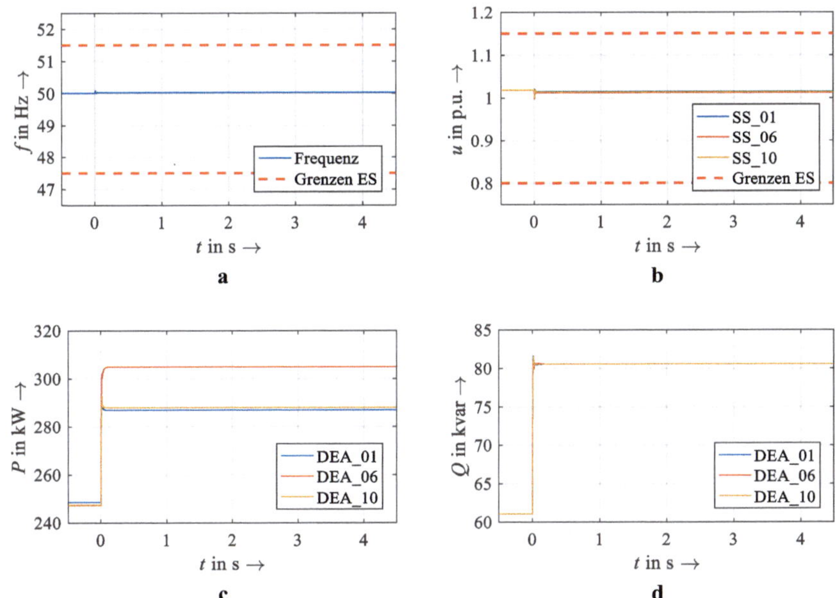

Bild 8-15: Lastzuschaltung von 20 % mit ST_PU/QF und $T_v = 20$ ms; **a** Frequenz;
b Spannung; **c** Wirkleistung; **d** Blindleistung

In Bild 8-15d lässt sich weiterhin erkennen, dass die abgegebene Blindleistung der DEA um mehr als 20 % zunimmt. Die zusätzliche benötigte Blindleistung resultiert aus dem erhöhten Blindleistungsbedarf der elektrischen Leitungen, welcher durch den nach der Lastzuschaltung gestiegenen Laststrom resultiert.

Abhängig von der Art der DEA muss in realen Anlagen der maximale Leistungsgradient berücksichtigt werden. Die neue Statik kann zwar mit sehr geringen Verzögerungszeiten ein stabiles Verhalten erreichen, ein begrenzter Leistungsgradient der DEA würde jedoch eine Vergrößerung von T_v erforderlich machen. In Bild 8-16 ist das Verhalten von ST_PU/QF und $T_v = 2000$ ms dargestellt. Es zeigt sich, dass der stationäre Zustand in dieser Konstellation ähnlich wie bei ST_PF/QU erst nach einigen Sekunden erreicht wird. Das dynamische Verhalten ist aber gegenüber ST_PF/QU weiterhin überlegen, da die transienten Spannungs- und Frequenzabweichungen geringer sind und die Einschwingvorgänge weiterhin nach wenigen Perioden abklingen.

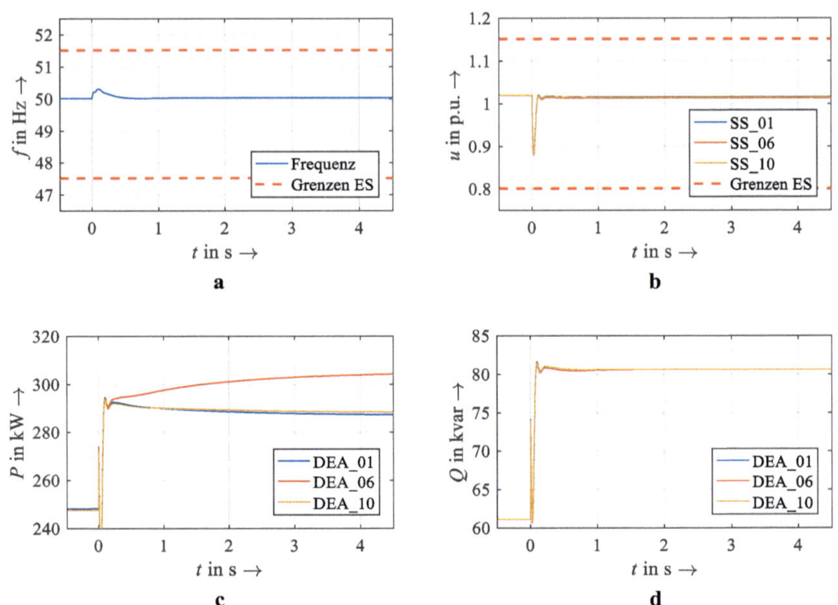

Bild 8-16: Lastzuschaltung von 20 % mit ST_PU/QF und $T_v = 2000$ ms; **a** Frequenz; **b** Spannung; **c** Wirkleistung; **d** Blindleistung

Das Verhalten der DEA mit ST_PQUF ist in Bild 8-17 dargestellt. Wie zu erwarten war, stellt es einen Kompromiss zwischen ST_PF/QU und ST_PU/QF dar. Zwar lässt sich bei dieser Statik ähnlich wie bei ST_PF/QU ein Schwingen der Anlagen nach der Lastzuschaltung erkennen, dieses ist jedoch erheblich geringer. Auch die transienten Abweichungen von U und f sind kleiner als bei ST_PF/QU und größer als bei ST_PU/QF. Um die Stabilität der DEA gewährleisten zu können ist bei ST_PQUF eine Verzögerung mit $T_v = 1000$ ms erforderlich.

Da bei dieser Statik sowohl die Wirk- als auch die Blindleistung von der Spannungs-Statik abhängen, übernimmt die DEA an SS 6 sowohl einen größeren Anteil an P als auch an Q wie in Bild 8-17c und d zu erkennen ist. Die Unausgeglichenheit der Wirkleistungsübernahme ist jedoch geringer als bei ST_PU/QF und die Unausgeglichenheit der Blindleistungsübernahme geringer als bei ST_PF/QU.

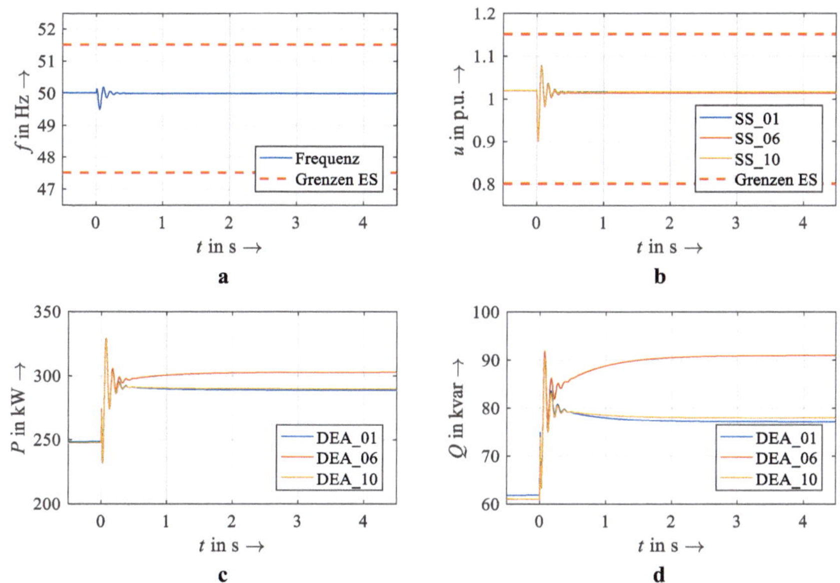

Bild 8-17: Lastzuschaltung von 20 % mit ST_PQUF und T_v = 1000 ms; **a** Frequenz;
b Spannung; **c** Wirkleistung; **d** Blindleistung

8.3 Fazit zum Betrieb gewollter Inselnetze

Es existieren verschiedene Regelkonzepte für den Betrieb gewollter Inselnetze mit trägheitslosen Erzeugungsanlagen. Ein wesentliches Problem stellt dabei die Koordination der DEA untereinander dar. Sollen Spannung und Frequenz ausgeregelt werden, ist in der Regel eine Kommunikation zwischen den Anlagen und die Wahl einer netzführenden Anlage erforderlich.

Mit der vorgestellten indirekten Spannungsregelung werden Spannung und Frequenz stattdessen genutzt, um über Statiken die eingespeiste Wirk- und Blindleistung anzupassen. Dieses Konzept erfordert keine einzelne, netzführende Anlage und kann mit einer beliebigen Anzahl an DEA durchgeführt werden. Bei einer Integration neuer DEA oder Abschaltung von Anlagen wird keine Veränderung an den restlichen Anlagen notwendig. Die mit diesem Konzept auftretenden stationären Abweichungen von Spannung und Frequenz wurden für verschiedene Arten der Statik untersucht. Es konnte gezeigt werden, dass durch geeignete Wahl der Statik-Parameter eine Lastaufteilung zwischen mehreren DEA ermöglicht wird. In exemplarischen Simulationen konnte das dynamische Verhalten der indirekten Spannungsregelung untersucht werden. Mit allen Varianten der indirekten Spannungsregelung war der Betrieb von gewollten Inselnetzen möglich. Mit P-U- und Q-f-Statiken wurde das Verhalten mit der besten Leistungsaufteilung und den geringsten stationären U und f-Abweichungen im gewollten Inselnetz erzielt.

9 Zusammenfassung

Elektrische Inselnetze, die sich innerhalb des Verteilnetzes gewollt und ungewollt bilden können, stellen große Herausforderungen für die Entwicklung und Auslegung von Erzeugungsanlagen, die Netzplanung und den Netzbetrieb dar. In dieser Arbeit wurden daher Algorithmen und Verfahren zur Erkennung und Prognose ungewollter Inselnetze sowie Konzepte für einen sicheren gewollten Inselnetzbetrieb untersucht. Dazu wurden die in Kapitel 1 dargestellten wissenschaftlichen Zielstellungen bearbeitet.

Die Detektion ungewollter Inselnetze ist seit vielen Jahren eine wichtige Herausforderung für die Hersteller von dezentralen Erzeugungsanlagen. Bereits in den Voruntersuchungen zeigte sich jedoch, dass heutige Bewertungs- und Prüfmethoden nicht geeignet sind, um die Wirksamkeit der Detektionsverfahren in allen Situation zu gewährleisten. Die Reduzierung der elektrischen Last auf einen einfachen RLC-Parallelkreis lässt die real im elektrischen Netz auftretenden Spannungs- und Frequenzabhängigkeiten und damit einhergehende Selbstregeleffekte außer Acht. Auch von den Erzeugungsanlagen geforderte, netzdienliche Systemdienstleistungen wie die frequenzabhängige Wirkleistungsreduktion und Wechselwirkungen zwischen verschiedenen Anlagen werden in den Tests nicht berücksichtigt.

Detaillierte Modellierung dezentraler Erzeugungsanlagen mit allen regelungs- und elektrotechnischen Komponenten, die einen Einfluss auf die Vorgänge in ungewollten Inselnetzen haben können

Um belastbare Bewertungskriterien entwickeln und analysieren zu können, wurden zunächst Simulationsmodelle für dezentrale Erzeugungsanlagen erstellt. Sowohl über Wechselrichter an das elektrische Netz angeschlossene Erzeugungsanlagen als auch direkt angeschlossene Asynchrongeneratoren wurden dabei modelliert. Neben der reinen Wirkleistungseinspeisung wurden Algorithmen zur Bereitstellung von Systemdienstleistungen in den Modellen umgesetzt, die nach den technischen Richtlinien von den Anlagen erbracht werden müssen. Durch Bereitstellung von Blindleistung wird eine statische Spannungsstützung ermöglicht und durch den durchzuführenden fault-ride-through beteiligen sich die Erzeugungsanlagen auch an der dynamischen Spannungsstützung. Bei Überfrequenz muss die Systemstabilität durch die Wirkleistungsreduzierung unterstützt werden. Zur Detektion von ungewollten Inselnetzen wurden in den Erzeugungsanlagen sowohl der standardmäßige Entkupplungsschutz als auch verschiedene zusätzliche Inselnetzdetektionsverfahren implementiert.

Entwicklung von Lastmodellen zur Nachbildung des spannungs- und frequenzabhängigen Verhaltens realer elektrischer Lasten und Lastgruppen unter besonderer Berücksichtigung neuer Verbrauchertypen und aktueller Lastzusammensetzungen

Einen wesentlichen Einfluss auf die ungewollte Inselnetzbildung hat neben den Erzeugungsanlagen insbesondere die Modellierung elektrischer Lasten. Verschiedene Ansätze zur Lastmodellierung wurden untersucht und es konnte gezeigt werden, dass mit dem Parallelschwingkreis aus R, L und C das reale Lastverhalten nur in den wenigsten Fällen hinreichend genau beschrieben wird. Durch in realen Niederspannungs-Ortsnetzen durchgeführte Messungen konnte ein neues Lastmodell entwickelt, parametriert und verifiziert werden, welches mit großer Genauigkeit das spannungs- und frequenzabhängige Verhalten nachbildet. Bei den meisten Lastmodellen können durch Kompensationseffekte auftretende Blindleistungen nahe Null nicht adäquat abgebildet werden. Diese Herausforderung konnte in dem neuen Lastmodell durch die Verwendung einer Differenzleistung anstelle einer absoluten Blindleistung, sowie der Nutzung einer neuen Bezugsleistung, behoben werden. Das neue Ortsnetz-Lastmodell ist frei skalierbar und kann in Kombination mit einem vorgeschalteten Ortsnetztransformator zur Modellierung des Verhaltens von kompletten Ortsnetzen auf Mittelspannungsebene verwendet werden.

Erarbeitung neuer Bewertungskriterien zum objektiven Vergleich der Wirksamkeit und Geschwindigkeit von Inselnetzdetektionsverfahren

Da mit den bisherigen Prüfverfahren zur Detektion ungewollter Inselnetze nicht die kritischsten Fälle abgedeckt werden, wurden mit den entwickelten Modellen von Erzeugungsanlagen und elektrischen Lasten neue Untersuchungsszenarien geschaffen. Mit einer einfachen Ein-Sammelschienen-Anordnung sollten insbesondere die verschiedenen elektrischen Lastmodelle miteinander verglichen werden. Auch die grundlegenden Übergangs- und Stabilisierungsvorgänge und der Einfluss der zu erbringenden Systemdienstleistungen in ungewollten Inselnetzen standen in dieser Anordnung im Fokus. Im zweiten Untersuchungsszenario wurde ein generisches Verteilnetz, welches eine Weiterentwicklung des CIGRE-Benchmark-Netzes ist, mit einer größeren Anzahl von Erzeugungsanlagen und Lasten modelliert. Dieses Szenario diente der Analyse der Wechselwirkungen zwischen verschiedenen Erzeugungsanlagen und Lasten sowie der Abschätzung des Einflusses unterschiedlicher Netzgrößen. Um die zu untersuchenden Inselnetzdetektionsverfahren bewerten und miteinander vergleichen zu können wurden die Bewertungskriterien SI_{NDZ} und TI_{NDZ} entwickelt, welche die Wirksamkeit und die Geschwindigkeit verschiedener Detektionsverfahren objektiv und unabhängig vom Untersuchungsszenario beschreiben können.

Untersuchung der Bedeutung des Lastverhaltens und der netzstützenden Funktionen dezentraler Erzeugungsanlagen auf die ungewollte Inselnetzbildung

Mit den Modellen, Untersuchungsszenarien und entwickelten Bewertungskriterien wurden umfangreiche Simulationen zur ungewollten Inselnetzbildung durchgeführt. Dabei wurde für jeden Untersuchungsfall die nichtdetektierbare Zone bestimmt. Die Darstellung dieser Zone zeigt auf, welches Kriterium zur Abschaltung einer ungewollten Insel führte und in welchen Situationen sich eine Insel undetektiert stabilisieren konnte. Zunächst wurden für die einfache Ein-Sammelschienen-Anordnung analytische Berechnungen durchgeführt. Die Ergebnisse der analytischen Berechnung dienten zur Verifikation der nachfolgenden Simulationen und erlaubten bereits erste Rückschlüsse auf den Einfluss der Lastmodellierung und der geforderten Systemdienstleistungen. Die zum Ausgleich der Leistungsbilanzen führenden Übergangsvorgänge zwischen Trennung vom vorgelagerten Netz und stabilem Zustand des ungewollten Inselnetzes werden dabei von zwei wesentlichen Einflüssen dominiert:

- Spannungs- und frequenzabhängige Leistungsaufnahme der elektrischen Lasten
- Bereitstellung von Systemdienstleistungen durch dezentrale Erzeugungsanlagen

Beide Einflüsse begünstigen die Bildung ungewollter Inselnetze. Sie führen in zahlreichen Situationen, in denen vor der Abtrennung des Teilnetzes keine ausgeglichene

Wirk- und Blindleistungsbilanz vorherrschte, zu einem Ausgleich der Leistungen über die Änderung von Spannung und Frequenz, ohne dass der Entkupplungsschutz ansprechen kann. Im generischen Verteilnetz konnten die gleichen Effekte mit mehreren Anlagen beobachtet werden. Zusätzlich zeigte sich, dass die Möglichkeit der ungewollten Inselnetzbildung mit zunehmender Größe des sich abtrennenden Teilnetzes zunimmt. Ursachen dafür sind weitere Ausgleichsvorgänge über zusätzliche Betriebsmittel wie Transformatoren und Leitungen und die Möglichkeit des Leistungsausgleichs durch die Entkupplung einzelner Erzeugungsanlagen im Falle eines Leistungsüberschusses.

Bewertung und Vergleich von Inselnetzdetektionsverfahren

Die untersuchten Inselnetzdetektionsverfahren sind in der Lage, die Wahrscheinlichkeit der ungewollten Inselnetzbildung erheblich zu verringern. Die Analyse der resultierenden Bewertungskriterien zeigt dabei jedoch große Unterschiede in der Wirksamkeit und Geschwindigkeit der verschiedenen Verfahren. Die höchste Wirksamkeit konnte mit dem Verfahren der $Q(f)$-Regelung erzielt werden. Dieses aktive Detektionsverfahren hat zugleich den Vorteil, dass es nur sehr geringfügige Netzrückwirkungen hervorruft und damit bei einem flächendeckenden Einsatz keine Beeinträchtigung der Spannungsqualität zu erwarten ist. Eine noch schnellere Detektion kann nur noch mit der Phasensprungdetektion erreicht werden. Aufgrund ihrer Anfälligkeit zur Überfunktion auch bei anderen Vorgängen im Netz sollte diese jedoch nicht direkt die Entkopplung der Erzeugungsanlage zur Folge haben. Als Signal zur temporären Änderung der Frequenzgrenzen des Entkupplungsschutzes würde sich dieses Verfahren jedoch gut eignen.

Entwicklung von Verfahren zur Bestimmung der Wahrscheinlichkeit eines möglichen ungewollten Inselnetzes bereits vor der Trennung eines Teilnetzes

Mit der Kenntnis der Einflussfaktoren auf die Bildung ungewollter Inselnetze und der Situationen, in denen die Gefahr einer ungewollten Insel erhöht ist, wurde ein Verfahren zur Bestimmung der Inselnetzwahrscheinlichkeit entwickelt. Durch die Auswertung von Leistungsmessungen wird der aktuelle Zustand eines Teilnetzes, welches über eine potenzielle Trennstelle mit dem vorgelagerten Netz verbunden ist, in Relation zum Gefahrenbereich der nichtdetektierbaren Zone eingeschätzt. Befindet sich das Teilnetz innerhalb der nichtdetektierbaren Zone, so ist zu erwarten, dass im Falle einer Schalteröffnung an der untersuchten Trennstelle ein ungewolltes Inselnetz auftritt. Durch Berücksichtigung der Leistungstrajektorie kann dabei nicht nur der aktuelle Zustand, sondern auch die zu erwartende weitere Entwicklung der Leistung berücksichtigt werden. Die Bestimmung der Inselnetzwahrscheinlichkeit sowie die Erstellung einer Inselnetzprognose kann sowohl als strategisches Tool zur Netzplanung als auch für ein durch aktuelle Leistungsmesswerte unterstütztes Prognosetool im Netzbetrieb eingesetzt werden.

Konzeptionelle Untersuchung von verschiedenen Regelungskonzepten für den Betrieb gewollter Inselnetze und Entwicklung von Konzepten zum Übergang zwischen Verbund- und Inselnetzbetrieb

Aus den Erkenntnissen über die Vorgänge in ungewollten Inselnetzen konnte im letzten Kapitel zusätzlich zu bereits bekannten Konzepten ein neues Regelungskonzept zum Betrieb gewollter Inselnetze entwickelt werden. Mit der indirekten Spannungsregelung kann ein gewolltes Inselnetz auch mit einer großen Anzahl von DEA dauerhaft betrieben werden. Indem dieser gewollte Inselnetzbetrieb als geplanter und vor allem sicherer Betriebszustand berücksichtigt und kontrolliert gehandhabt wird, kann der ungewollten Inselnetzbildung entgegengewirkt und gleichzeitig eine Erhöhung der Versorgungssicherheit in kritischen Versorgungsszenarien erzielt werden.

Aspekte für weiterführende Arbeiten

Die stetige Dezentralisierung der Einspeisung durch viele Kleinstanlagen sorgt dafür, dass auch die Modellierung entweder durch zusätzliche Erzeugungsanlagen immer aufwendiger oder durch Vernachlässigung kleinerer Anlagen immer ungenauer wird. Ein weiterführender Aspekt ist dadurch die Entwicklung von aggregierten Modellen für dezentrale Erzeugungsanlagen. Die Herausforderung liegt dabei darin, ein analoges statisches und dynamisches Verhalten zu gewährleisten, gleichzeitig aber die Komplexität der Anordnung zu reduzieren.

Die Umsetzung des vorgeschlagenen Verfahrens der Inselnetzprognose in einem realen elektrischen Verteilnetz führt zu weiteren noch nicht bearbeiteten Aspekten. Neben der Einbindung in die Software der Netzleitstelle müssen dafür Messwerte von verschiedenen Positionen im Teilnetz zur Verfügung gestellt werden. Auch für die Abschätzung der eingespeisten Leistungen über Referenzanlagen oder Wetterdaten können neue Algorithmen entwickelt und realisiert werden.

Für zukünftige Untersuchungen ist auch der Einfluss von bereits realisierten Detektionsverfahren auf den Betrieb gewollter Inselnetze ein wesentlicher Aspekt. Im Zuge der Umsetzung gewollter Inselnetze zur Notfallversorgung stellen bereits realisierte Detektionsverfahren einen störenden Faktor dar. Während das Ziel des gewollten Inselnetzes eine stabile Weiterversorgung ist, versuchen viele aktive Detektionsverfahren gezielt Spannung oder Frequenz zu manipulieren. Um solche gegenseitigen Beeinflussungen zu vermeiden muss die Festlegung und Umsetzung von geeigneten Inselnetzdetektionsverfahren daher bereits frühzeitig und vorausschauend erfolgen.

Im Zuge der Notfallversorgung mit gewollten Inselnetzen können in Zukunft auch verstärkt regelbare oder abschaltbare Lasten zum Einsatz kommen. Ein zusätzlicher Lastabwurf kann Inselnetze auch dann stabilisieren, wenn die volatile Erzeugung zu wenig Leistung für eine Vollversorgung zur Verfügung stellt. Dabei müssen weitere soziale Aspekte wie die Diskriminierungsfreiheit von Abschaltungen und mögliche zeitliche Staffelungen berücksichtigt und untersucht werden.

Ein weiterer wichtiger Aspekt im gewollten Inselnetz ist die Wirksamkeit und Selektivität der eingesetzten Schutzkonzepte. Die Selektivität kann mit konventioneller Schutztechnik voraussichtlich nicht mehr im gleichen Maße wie beim Verbundbetrieb gewährleistet werden. Unter anderem muss dabei auch untersucht werden, welche Spannungsverhältnisse sich infolge einer mögliche Änderung der Sternpunktbehandlung während eines Erdschlusses im Verteilnetz ergeben. Die dabei auftretenden Schritt- und Berührungsspannungen dürfen auch im gewollten Inselnetzbetrieb die zulässigen Grenzwerte nicht überschreiten.

Literaturverzeichnis

[1]   Burger, B.: *Stromerzeugung in Deutschland in 2017*. URL https://www.energy-charts.de/energy_pie_de.htm?year=2017. - abgerufen am 2018-08-22. — Fraunhofer ISE.

[2]   Bundesministerium für Wirtschaft und Energie: Energiedaten: Gesamtausgabe, 2018.

[3]   Li, C.; Savulak, J.; Reinmuller, R.: Unintentional islanding of distributed generation - Operating experiences from naturally occurred events. In: *IEEE Transactions on Power Delivery* Bd. 29 (2014), Nr. 1, S. 269–274 — ISBN 9781479964154.

[4]   Pazos, F.J.: Operational Experience and Field Tests on Islanding Events caused by Large Photovoltaic Plants. In: *International Conference on Electricity Distribution*, 2011, S. 1–4.

[5]   Bower, W.; Ropp, M.: Evaluation of islanding detection methods for photovoltaic utility- interactive power systems, 2002.

[6]   Econnect: Assessment of islanded operation of distribution networks and measures for protection, 2001.

[7]   Bruschi, J.; Raison, B.; Besanger, Y.; Cadoux, F.; Grenard, S.: Impact of new European Grid Codes Requirements on Anti-Islanding Protections: A Case Study. In: *CIRED*. Lyon, 2015.

[8]   Fan, Y.; Li, C.: Analysis on non-detection zone of the islanding detection in photovoltaic grid-connected power system. In: *APAP* : IEEE, 2011 — ISBN 978-1-4244-9621-1, S. 275–279.

[9]   Vieira, J.C.M.; Freitas, W.; Morelato, a.: An Investigation on the Nondetection Zones of Synchronous Distributed Generation Anti-Islanding Protection. In: *IEEE Transactions on Power Delivery* Bd. 23 (2008), Nr. 2, S. 593–600.

[10]   Zeineldin, H.H.; El-Saadany, E.F.; Salama, M.M.A.: Impact of DG Interface Control on Islanding Detection and Nondetection Zones. In: *IEEE Transactions on Power Delivery* Bd. 21 (2006), Nr. 3, S. 1515–1523.

[11]   Ropp, M.; Begovic, M.; Rohatgi, A.; Kern, G.; Bonn, R.; Gonzalez, S.: Determining the relative effectiveness of islanding detection methods using phase criteria and nondetection zones. In: *IEEE Transactions on Energy Conversion* Bd. 15 (2000), Nr. 3, S. 290–296.

[12]   Palm, S.; Schegner, P.: Static and transient load models taking account voltage and frequency dependence. In: *Power Systems Computation Conference (PSCC)*. Genua : IEEE, 2016 — ISBN 978-88-941051-2-4, S. 1–7.

[13]   Puyleart, F.; Yang, S.: Load component database of household appliances and small office equipment. In: *IEEE Power and Energy Society General Meeting* : IEEE, 2008 — ISBN 978-1-4244-1905-0, S. 1–5.

[14]   Palm, S.; Schegner, P.; Schnelle, T.: Measurement and modeling of voltage and

frequency dependences of low-voltage loads. In: *IEEE Power & Energy Society General Meeting* : IEEE, 2017 — ISBN 978-1-5386-2212-4, S. 1–5.

[15] Stojanović, D.P.; Korunović, L.M.; Milanović, J.V.: Dynamic load modelling based on measurements in medium voltage distribution network. In: *Electric Power Systems Research* Bd. 78 (2008), Nr. 2, S. 228–238.

[16] Hasan, K.N.; Milanovi, J. V; Turner, P.; Turnham, V.: A Step-by-Step Data Processing Guideline for Load Model Development Based on Field Measurements. In: *PowerTech*, 2015.

[17] Price, W.W.; Casper, S.; Nwankpa, C.O.; Bradish, R.W.; Chiang, H.-D.; Concordia, C.; Staron, J.; Taylor, C.; Wu, G.; u. a.: Bibliography on load models for power flow and dynamic performance simulation. In: *IEEE Transactions on Power Systems* Bd. 10 (1995), Nr. 1, S. 523–538.

[18] VDE: VDE-AR-N 4105 Erzeugungsanlagen am Niederspannungsnetz – Technische Mindestanforderungen für Anschluss und Parallelbetrieb von Erzeugungsanlagen am Niederspannungsnetz. Berlin (2011).

[19] BDEW: Technische Richtlinie Erzeugungsanlagen am Mittelspannungsnetz. Berlin (2008).

[20] IEEE: 1547 IEEE Standard for Interconnecting Distributed Resources with Electric Power Systems (2003).

[21] Mrugowsky, H.: Drehstrommaschinen im Inselbetrieb. Wiesbaden : Springer Fachmedien Wiesbaden, 2013 — ISBN 978-3-8348-1609-2.

[22] VDE: DIN VDE 0126-1-1 Selbsttätige Schaltstelle zwischen einer netzparallelen Eigenerzeugungsanlage und dem öffentlichen Niederspannungsnetz. Bd. 1, 2013.

[23] VDE: DIN EN 62116 Prüfverfahren für Maßnahmen zur Verhinderung der Inselbildung für Versorgungsunternehmen in Wechselwirkung mit Photovoltaik-Wechselrichtern. Berlin, 2012.

[24] Cullen, N.; Thornycroft, J.; Colinson, A.: Risk analysis of islanding of photovoltaic power systems within low voltage distribution networks. In: *Report IEA PVPS T5-08: 2002* (2002).

[25] Schnelle, T.; Schweer, A.; Schegner, P.: Control of modular microgrids by varying grid frequency. In: *PowerTech*. Manchester : IEEE, 2017 — ISBN 978-1-5090-4237-1, S. 1–6.

[26] Schnelle, T.; Schmidt, M.; Schegner, P.: Power converters in distribution grids - New alternatives for grid planning and operation. In: *PowerTech*. Eindhoven, 2015 — ISBN 9781479976935.

[27] Schnelle, T.; Schweer, A.; Schegner, P.: Islanded operation of modular grids. In: *CIRED*. Glasgow, 2017, S. 1–5.

[28] Li, C.; Cao, C.; Cao, Y.; Kuang, Y.; Zeng, L.; Fang, B.: A review of islanding detection methods for microgrid. In: *Renewable and Sustainable Energy Reviews* Bd. 35, Elsevier (2014), S. 211–220 — ISBN 1364-0321.

[29] Palm, S.; Schegner, P.: Fundamentals of detectability and detection methods of

unintentional electrical islands. In: *PowerTech*. Eindhoven : IEEE, 2015 — ISBN 978-1-4799-7693-5, S. 1–6.

[30] IEC: IEC 62116:2008 Test procedure of islanding prevention measures for utility-interconnected photovoltaic inverters, 2008.

[31] Bundesgesetzblatt: Verordnung zur Gewährleistung der technischen Sicherheit und Systemstabilität des Elektrizitätsversorgungsnetzes (Systemstabilitätsverordnung - SysStabV) (2012), S. 2–5.

[32] Bundesgesetzblatt: Gesetz zur Neuregelung des Rechts der Erneuerbaren Energien im Strombereich und zur Änderung damit zusammenhängender Vorschriften Bd. 2008 (2008), Nr. 49, S. 2074–2100.

[33] Teodorescu, R.; Liserre, M.; Rodriguez, P.: Grid Converters for Photovoltaic and Wind Power Systems : IEEE, 2011 — ISBN 9780470667040.

[34] Esram, T.; Chapman, P.L.: Comparison of Photovoltaic Array Maximum Power Point Tracking Techniques. In: *IEEE Transactions on Energy Conversion* Bd. 22 (2007), Nr. 2, S. 439–449 — ISBN 0885-8969 VO - 22.

[35] Purba, V.; Dhople, S. V.; Jafarpour, S.; Bullo, F.; Johnson, B.B.: Reduced-order structure-preserving model for parallel-connected three-phase grid-tied inverters. In: *2017 IEEE 18th Workshop on Control and Modeling for Power Electronics (COMPEL)* : IEEE, 2017 — ISBN 978-1-5090-5326-1, S. 1–7.

[36] Yazdani, A.; Iravani, R.: Voltage-Sourced Converters in Power Systems. Hoboken, NJ, USA : John Wiley & Sons, Inc., 2010 — ISBN 0470521562.

[37] Guo, X.; Wu, W.; Gu, H.: Phase locked loop and synchronization methods for grid- interfaced converters : a review. In: *Electrical Review* (2011), Nr. 4, S. 182–187.

[38] Fraunhofer IEE: Windenergie Report Deutschland 2017, 2017 — ISBN 9783839605363.

[39] Naunin, D.: The Calculation of the Dynamic Behavior of Electric Machines by Space-Phasors. In: *Electric Machines & Power Systems* Bd. 4 (1979), Nr. 1, S. 33–45.

[40] Müller, G.; Ponick, B.: Grundlagen elektrischer Maschinen. Weinheim : WILEY, 2006 — ISBN 3-527-40524-0.

[41] ENTSO-E: Netzkodex mit Netzanschlussbestimmungen für Stromerzeuger, 2016.

[42] Böhmer, E.; Ehrhardt, D.; Oberschelp, W.: Elemente der angewandten Elektronik. Wiesbaden : Springer Vieweg, 2018 — ISBN 9783834814968.

[43] Möller, F.; Meyer, J.: Probabilistic household load model for unbalance studies based on measurements. In: *2016 Electric Power Quality and Supply Reliability (PQ)* : IEEE, 2016 — ISBN 978-1-5090-1562-7, S. 107–112.

[44] Collin, A.J.; Hernando-Gil, I.; Bess, K.; Djokic, S.Z.: An 11 kV steady state residential aggregate load model. Part 1: Aggregation methodology. In: *IEEE Trondheim PowerTech*. Trondheim, Norwegen : IEEE, 2011 — ISBN 978-1-4244-8419-5, S. 1–8.

[45] EPRI: Load Modeling for Power Flow and Transient Stability Computer Studies, Volume 3: LOADSYN Code User's Manual, 1987.

[46] Milanović, J. V; Matevosiyan, J.; Borghetti, A.; Djokić, S.Ž.; Dong, Z.Y.; Halley, A.; Korunović, L.M.; Villanueva, S.M.; Ma, J.; u. a.: Modelling and Aggregation of Loads in Flexible Power Networks, 2014 — ISBN 9782858732616.

[47] EPRI: Measurement-Based Load Modeling, 2006.

[48] Romero Navarro, I.: Dynamic Load Models for Power Systems, Estimation of Time-Varying Parameters During Normal Operation, 2002.

[49] CIGRE Task Force C6.04: Benchmark Systems for Network Integration of Renewable and Distributed Energy Resources, 2014 — ISBN 9782858732708.

[50] Fraunhofer IWES: Windenergie Report Deutschland 2016. Kassel, 2016 — ISBN 9783839611951.

[51] Bundesministerium für Wirtschaft und Energie: Zeitreihen zur Entwicklung der erneuerbaren Energien in Deutschland. Dessau-Roßlau, 2017.

[52] Rudion, K.; Orths, A.; Styczynski, Z.A.; Strunz, K.: Design of benchmark of medium voltage distribution network for investigation of DG integration. In: *IEEE Power Engineering Society General Meeting* : IEEE, 2006 — ISBN 1-4244-0493-2, S. 6 pp.

[53] Ropp, M.; Begovic, M.; Rohatgi, A.: Analysis and performance assessment of the active frequency drift method of islanding prevention. In: *IEEE Transactions on Energy Conversion* Bd. 14 (1999), Nr. 3, S. 810–816.

[54] Begovic, M.; Ropp, M.; Rohatgi, A.; Pregelj, A.: Determining the sufficiency of standard protective prevention in grid-connected PV systems. In: *University Center of Excellence for Photovoltaics Conference Papers* (1998), S. 2519–2524.

[55] Zeineldin, H.H.; Kirtley, J.L.: A Simple Technique for Islanding Detection With Negligible Nondetection Zone. In: *IEEE Transactions on Power Delivery* Bd. 24 (2009), Nr. 2, S. 779–786.

[56] Raipala, O.; Mäkinen, A.; Repo, S.; Järventausta, P.: The effect of different control modes and mixed types of DG on the non-detection zones of islanding detection. In: *CIRED 2012 Workshop: Integration of Renewables into the Distribution Grid* : IET, 2012 — ISBN 978-1-84919-628-4, S. 237–237.

[57] Arguence, O.; Cadoux, F.; Raison, B.: Influence of Electronic-Based Loads on Unwanted Islanding (2017).

[58] DIN EN 50160: Merkmale der Spannung in öffentlichen Elektrizitätsversorgungsnetzen, 2011.

[59] Kleineidam, G.; Jung, G.; Wöltche, A.: Cost Impact Simulation of Blackouts within the Electrical Grid. In: *International ETG Congress*. Bonn, 2017 — ISBN 9783800745050, S. 125–130.

[60] Burchardt, U.; Feist, T.; Neumann, M.; Fell, H.-J.; Röspel, R.; Sitte, P.: TA-Projekt: Gefährdung und Verletzbarkeit moderner Gesellschaften – am Beispiel eines großräumigen und langandauernden Ausfalls der Stromversorgung. Berlin,

2011 — ISBN 978-3-8100-3660-5.

[61] Hankel, L.: FNN-Info: Solidarität im Verbundsystem. Berlin, 2018.

[62] Thale, S.; Agarwal, V.: A smart control strategy for the black start of a microgrid based on PV and other auxiliary sources under islanded condition. In: *2011 37th IEEE Photovoltaic Specialists Conference* : IEEE, 2011 — ISBN 978-1-4244-9965-6, S. 002454–002459.

[63] Peças Lopes, J.A.; Moreira, C.L.; Resende, F.O.: Microgrids black start and islanded operation. In: *Power Systems Computation Conference*. Liege, 2005 — ISBN 9780000000002.

[64] Aktarujjaman, M.; Kashem, M.A.; Negnevitsky, M.; Ledwich, G.: Black start with dfig based distributed generation after major emergencies. In: *2006 International Conference on Power Electronic, Drives and Energy Systems* : IEEE, 2006 — ISBN 0-7803-9771-1, S. 1–6.

[65] Steinhart, C.J.; Finkel, M.; Gratza, M.; Witzmann, R.; Schaarschmidt, K.; Kerber, G.: Local Island Power Supply with Distributed Generation Systems in Case of Large-scale Blackouts. In: *CIRED Workshop 2016*. Helsinki, 2016, S. 1–5.

[66] Ullah, N.R.; Thiringer, T.; Karlsson, D.: Temporary Primary Frequency Control Support by Variable Speed Wind Turbines— Potential and Applications. In: *IEEE Transactions on Power Systems* Bd. 23 (2008), Nr. 2, S. 601–612.

[67] Erlich, I.; Wilch, M.: Primary frequency control by wind turbines. In: *IEEE Power and Energy Society General Meeting* (2010), S. 1–8 — ISBN 9781424465514.

[68] Premm, D.; Osterkamp, B.; Seidel, J.; Poehling, S.; Unru, A.; Engel, B.: The PV-Regel Project – Development of Concepts and Solutions for the Provision of Control Reserve with PV. In: *EUPVSEC*. Hamburg, 2015, S. 3–7.

[69] Premm, D.; Osterkamp, B.; Seidel, J.; Poehling, S.; Engel, B.; Thiel, R.; Engel-, G.: Providing Control Reserve with PV Systems – Goals and Results of the Research Project PV-Regel The Research Project PV-Regel Concepts for the Provision of Control Reserve with PV. In: *International ETG Congress*. Bonn : VDE, 2015.

[70] Engler, A.: Regelung von Batteriestromrichtern in modularen und erweiterbaren Inselnetzen, 2001.

[71] Jostock, M.: Stabilität wechselrichtergeführter Inselnetze, Universität Luxemburg, 2013.

[72] Yao, W.; Chen, M.; Matas, J.; Guerrero, J.M.; Qian, Z.M.: Design and analysis of the droop control method for parallel inverters considering the impact of the complex impedance on the power sharing. In: *IEEE Transactions on Industrial Electronics* Bd. 58 (2011), Nr. 2, S. 576–588 — ISBN 978-1-4244-4782-4.

[73] Zeineldin, H.H.: A Q–f Droop Curve for Facilitating Islanding Detection of Inverter-Based Distributed Generation. In: *IEEE Transactions on Power Electronics* Bd. 24, Institute of Electrical and Electronics Engineers (2009), Nr. 3, S. 665–673.

[74] Loix, T.; De Brabandere, K.; Driesen, J.; Belmans, R.: A Three-Phase Voltage and Frequency Droop Control Scheme for Parallel Inverters. In: *IECON 2007 - 33rd Annual Conference of the IEEE Industrial Electronics Society*. Bd. 22 : IEEE, 2007 — ISBN 1-4244-0783-4, S. 1662–1667.

[75] Rocabert, J.; Luna, A.; Blaabjerg, F.; Rodríguez, P.: Control of Power Converters in AC Microgrids. In: *IEEE Transactions on Power Electronics* Bd. 27 (2012), Nr. 11, S. 4734–4749.

[76] Schwab, A.J.: Elektroenergiesysteme. Berlin, Heidelberg : Springer Berlin Heidelberg, 2012 — ISBN 978-3-642-21957-3.

[77] Zhong, Q.-C.; Weiss, G.: Synchronverters: Inverters That Mimic Synchronous Generators. In: *IEEE Transactions on Industrial Electronics* Bd. 58 (2011), Nr. 4, S. 1259–1267 — ISBN 0278-0046.

[78] Arani, M.F.M.; El-Saadany, E.F.: Implementing virtual inertia in DFIG-based wind power generation. In: *IEEE Transactions on Power Systems* Bd. 28 (2013), Nr. 2, S. 1373–1384 — ISBN 0885-8950.

[79] Soni, N.; Doolla, S.; Chandorkar, M.C.: Improvement of Transient Response in Microgrids Using Virtual Inertia. In: *IEEE Transactions on Power Delivery* Bd. 28 (2013), Nr. 3, S. 1830–1838.

[80] Liu, J.; Miura, Y.; Ise, T.: Comparison of Dynamic Characteristics Between Virtual Synchronous Generator and Droop Control in Inverter-Based Distributed Generators. In: *IEEE Transactions on Power Electronics* Bd. 31 (2016), Nr. 5, S. 3600–3611.

[81] Alipoor, J.; Miura, Y.; Ise, T.: Power System Stabilization Using Virtual Synchronous Generator With Alternating Moment of Inertia. In: *IEEE Journal of Emerging and Selected Topics in Power Electronics* Bd. 3 (2015), Nr. 2, S. 451–458 — ISBN 2168-6777 VO - 3.

[82] Rocabert, J.; Azevedo, G.; Vazquez, G.; Candela, I.; Rodriguez, P.; Guerrero, J.M.: Intelligent control agent for transient to an island grid. In: *2010 IEEE International Symposium on Industrial Electronics* : IEEE, 2010 — ISBN 978-1-4244-6390-9, S. 2223–2228.

[83] Huang, P.; Vorobev, P.; Hosani, M. Al; Kirtley, J.L.; Turitsyn, K.: Systematic Design of Virtual Component Method for Inverter-Based Microgrids (2017), Nr. 14, S. 0–4 — ISBN 9781538622124.

[84] Pena, P.; Etxegarai, A.; Valverde, L.; Zamora, I.; Cimadevilla, R.: Synchrophasor-based anti-islanding detection. In: *2013 IEEE Grenoble Conference*. Grenoble : IEEE, 2013 — ISBN 978-1-4673-5669-5, S. 1–6.

[85] Xu, M.; Melnik, R.V.N.; Borup, U.: Modeling anti-islanding protection devices for photovoltaic systems. In: *Renewable Energy* Bd. 29 (2004), Nr. 15, S. 2195–2216.

[86] Wang, X.; Freitas, W.; Xu, W.; Dinavahi, V.: Impact of DG interface controls on the Sandia frequency shift antiislanding method. In: *IEEE Transactions on Energy Conversion* Bd. 22 (2007), Nr. 3, S. 792–794 — ISBN 0885-8969 VO - 22.

[87] Tran-Quoc, T.; Le, T.M.C.; Kieny, C.; Bacha, S.: Behaviour of grid-connected photovoltaic inverters in islanding operation. In: *PowerTech*. Trondheim, 2011 — ISBN 9781424484171, S. 1–8.

[88] Zeineldin, H.H.; Kennedy, S.: Sandia frequency-shift parameter selection to eliminate nondetection zones. In: *IEEE Transactions on Power Delivery* Bd. 24 (2009), Nr. 1, S. 486–487 — ISBN 0885-8977.

[89] Pazos, F.J.; Romero-Cadaval, E.; González, E.; Delgado, I.; Monreal, J.: Failure analysis of inverter based anti-islanding systems in photovoltaic islanding events. In: *CIRED*. Stockholm, 2013, S. 10–13.

[90] Lloyd, G.; Hosseini, S.; An, C.; Chamberlain, M.; Dysko, A.; Malone, F.: Experience with accumulated phase angle drift measurement for islanding detection. In: *CIRED*. Stockholm, 2013, S. 10–13.

[91] Robitaille, M.; Agbossou, K.; Doumbi, M.L.: Modeling of an islanding protection method for a hybrid renewable distributed generator. In: *Canadian Conference on Electrical and Computer Engineering* : IEEE, 2005 — ISBN 0-7803-8885-2, S. 1485–1489.

[92] Hung, G.-K.; Chang, C.-C.; Chen, C.-L.: Automatic phase-shift method for islanding detection of grid-connected photovoltaic inverters. In: *IEEE Transactions on Energy Conversion* Bd. 18 (2003), Nr. 1, S. 169–173.

[93] De Mango, F.; Liserre, M.; Aquila, A.D.: Overview of Anti-Islanding Algorithms for PV Systems. Part II: Active Methods. In: *International Power Electronics and Motion Control Conference* : IEEE, 2006 — ISBN 1-4244-0121-6, S. 1884–1889.

[94] Ciobotaru, M.; Agelidis, V.G.; Teodorescu, R.; Blaabjerg, F.: Accurate and Less-Disturbing Active Antiislanding Method Based on PLL for Grid-Connected Converters. In: *IEEE Transactions on Power Electronics* Bd. 25 (2010), Nr. 6, S. 1576–1584.

[95] Bejmert, D.; Sidhu, T.S.: Investigation into islanding detection with capacitor insertion-based method. In: *IEEE Transactions on Power Delivery* Bd. 29 (2014), Nr. 6, S. 2485–2492 — ISBN 0885-8977.

[96] Stephens, M.A.: EDF Statistics for Goodness of Fit and Some Comparisons. In: *Journal of the American Statistical Association* Bd. 69 (1974), Nr. 347, S. 730–737.

Abbildungsverzeichnis

Tabellenverzeichnis

Anhang

A.1 Inselnetzdetektionsverfahren

Im Folgenden werden die umgesetzten IDV kurz erläutert. Weiterführende Erklärungen zu den IDV können in den angegebenen Literaturstellen gefunden werden.

A.1.1 *Spannungs- und Frequenzschutz (DP_UFS)*

Das grundlegende IDV ist durch den über Anschlussbestimmungen geforderten Entkupplungsschutz nach Abschnitt 3.1 gegeben. Außerdem erfordern viele aktive Verfahren Spannungs- und Frequenzgrenzen zur Abschaltung, da Veränderungen von U und f forciert werden. Dieses Verfahren ist deshalb in jeder Simulation implementiert.

A.1.2 *Phasensprung-Detektion (DP_PSD)*

Bei der DP_PSD wird eine plötzliche Änderung der Phasenlage des Spannungszeigers als Anzeichen für eine Inselnetzbildung interpretiert [11, 84, 85]. Um einen solchen Phasensprung zu erfassen, muss eine nachgeführte Winkelreferenz oder Referenzhalbwellendauer bereitgehalten werden, die:

- Lange genug vorhanden ist um eine auftretende Veränderung zu detektieren

- Schnell genug nachgeführt wird, um langsame Veränderungen des Winkels im normalen Netzbetrieb nicht kumuliert als Inselnetzbildung zu werten

Die Berechnung des Phasensprungs erfolgt in dieser Arbeit über die Spannungsnulldurchgänge der 50-Hz-Grundschwingung. Mit Gl. (A.1-1) wird die Dauer einer Halbwelle berechnet. Aus der Abweichung zu einer Referenzhalbwellendauer $T_{\mathrm{H\,ref}}$ kann über Gl. (A.1-2) eine Winkeldifferenz berechnet werden.

$$T_{\mathrm{H\,aktuell}} = \left| t_{\text{letzter positiver Nulldurchgang}} - t_{\text{letzter negativer Nulldurchgang}} \right| \qquad \text{(A.1-1)}$$

$$\Delta\varphi(k) = 180° \cdot \frac{T_{\mathrm{H\,aktuell}}(k) - T_{\mathrm{H\,ref}}(k)}{T_{\mathrm{H\,ref}}(k)} \qquad \text{(A.1-2)}$$

Zur Vermeidung von Überreaktionen bei Rauschen im Messsignal, Gleichspannungsanteilen, Pendelungen durch Laständerungen und zur Vermeidung von Unterreaktion bei Vorgängen, die sich über mehrere Perioden entwickeln, kann die Winkeldifferenz für mehrere summierte Winkel mit Gl. (A.1-3) angepasst werden.

$$\Delta\varphi_{\mathrm{sum}} = \sum_{v=-m}^{0} \Delta\varphi_v \qquad \text{(A.1-3)}$$

A.1.3 *Frequenz-Shift (DA_FS)*

Beim DA_FS wird aktiv versucht die Frequenz des Netzes zu verändern und die Grenzen des Frequenzschutzes zu verletzen [5, 86–88]. Dazu wird die Größe chopping fraction *cf* eingeführt, die sich aus dem Anteil einer Totzeit t_z zur halben Periodendauer der Spannung ($T_U/2$) an den Anschlussklemmen nach Gl. (A.1-4) ergibt. Mit t_z wird die Frequenz des einzuspeisenden Stromes angepasst, wie beispielhaft in Bild A.1-1 dargestellt ist.

$$cf = \frac{2 \cdot t_z}{T_U} \tag{A.1-4}$$

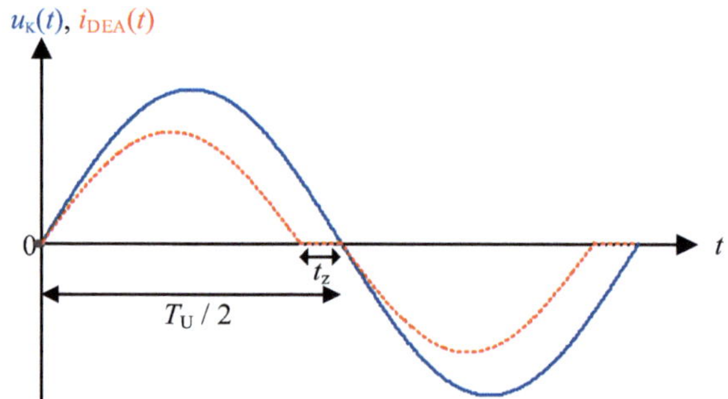

Bild A.1-1: Änderung des eingespeisten Stroms durch DA_FS

In anderer Form, insbesondere für dreiphasige Wechselrichter, wird DA_FS durch eine Phasenwinkeltransformation der Sollströme $i_{d\,ref}$ und $i_{q\,ref}$ in Bild 3-7 erreicht, da bei dreiphasigen Wechselrichtern eine gezielte Totzeit pro Phase nicht ohne weiteres realisierbar ist. Dabei wird anstelle einer Totzeit nach Gl. (A.1-5) ein Phasenversatz φ_f abhängig von der Frequenzabweichung bestimmt [86, 88, 89].

$$\varphi_f = \frac{\pi}{2}\left(cf_0 + K_f \cdot (f - f_n)\right) \tag{A.1-5}$$

Die Umsetzung im Umrichter erfolgt per Winkeltransformation in Gl. (A.1-6). Es ist zu erkennen, dass durch diese Winkeländerung sowohl Wirk- als auch Blindleistungseinspeisung verändert werden. Insbesondere ein Anstieg der Wirkleistung ist nicht immer möglich, was die Anwendbarkeit dieses Verfahrens teilweise einschränkt.

$$i^*_{d\,ref} = i_{d\,ref} \cdot \cos\varphi_f - i_{q\,ref} \cdot \sin\varphi_f$$

$$i^*_{q\,ref} = i_{d\,ref} \cdot \sin\varphi_f + i_{q\,ref} \cdot \cos\varphi_f \tag{A.1-6}$$

A.1.4 *Phasen-Shift (DA_PS)*

Beim DA_PS wird, im Gegensatz zum DA_FS, direkt der Phasenwinkel des einzuspeisenden Stromes in Abhängigkeit von der Frequenz geändert [5, 90–92]. Dabei wird $i_{\mathrm{d\,ref}}$ nicht variiert, sondern nur $i_{\mathrm{q\,ref}}$, und damit die Blindleistung, angepasst. Die Änderung des Winkels des einzuspeisenden Stromes φ^*_{DEA} erfolgt dabei nicht linear mit der Frequenz, sondern wird zumeist über eine sin-Funktion wie in Gl. (A.1-7) angegeben. Der Winkel $\Delta\varphi_{\mathrm{max}}$ stellt dabei die maximal zulässige Winkeländerung zum Arbeitspunkt $\varphi_{\mathrm{DEA\,0}}$ dar, die bei der Frequenzabweichung Δf_{max} auftreten soll.

$$\varphi^*_{\mathrm{DEA}} = \varphi_{\mathrm{DEA\,0}} + \Delta\varphi_{\mathrm{max}} \cdot \sin\left(\frac{\pi}{2} \cdot \frac{f - f_{\mathrm{n}}}{\Delta f_{\mathrm{max}}}\right) \tag{A.1-7}$$

A.1.5 *Q(f)-Regelung (DA_QFR)*

Dieses, dem DA_PS sehr ähnliche, Verfahren soll im Inselnetzfall zu einer Störung der Blindleistungsbilanz führen, sobald kleinere Frequenzabweichungen auftreten. Dazu wird bei Frequenzabweichungen die bereitgestellte Blindleistung nach Gl. (A.1-8) um ΔQ angepasst. Die Stärke der Reaktion auf Frequenzabweichungen wird durch den Parameter K_{q} festgelegt [93]. Bei einem Frequenzanstieg wird induktive (untererregt) und bei einem Frequenzeinbruch kapazitive Blindleistung (übererregt) von der Anlage erzeugt. Im Gegensatz zum DA_PS ist bei diesem Verfahren die Reaktion des Wechselrichters unabhängig von der aktuell eingespeisten Wirkleistung, da nicht der Leistungswinkel, sondern der Betrag der Blindleistung geändert wird. Eine Ausnahme bilden Situationen, in denen bereits die Nennleistung eingespeist wird. In diesem Fall müsste bei einer Frequenzabweichung zusätzlich die Wirkleistung reduziert werden, um den Wechselrichter nicht zu überlasten. Dies kann beispielsweise erzielt werden, indem im Strombegrenzer nach Bild 3-7 bei Überschreitung von i_{n} nur i_{d} und nicht i_{q} limitiert wird.

$$\Delta Q = K_{\mathrm{q}} \cdot (f - f_{\mathrm{n}}) \tag{A.1-8}$$

A.1.6 *Modulation von cos φ / sin φ (DA_MPH)*

Bei diesem Verfahren wird der durch die PLL ermittelte Referenzwinkel φ_{ref} der Spannung an den Anschlussklemmen der DEA modifiziert, indem nach Gl. (A.1-9) ein zusätzlicher Winkel aufaddiert wird [94]. Das Signal $\sin\varphi^*_{\mathrm{ref}}$ erhält damit einen zusätzlichen Anteil der zweiten Harmonischen, wie sich nach Umformung mittels Additionstheorem in Gl. (A.1-10) ablesen lässt. Dadurch wird weder die Amplitude, noch der Nulldurchgang des Winkels verändert.

$$\sin\varphi^*_{\mathrm{ref}} = \sin(\varphi_{\mathrm{ref}} + k \cdot \sin\varphi_{\mathrm{ref}}) \tag{A.1-9}$$

$$\sin\varphi^*_{\mathrm{ref}} \cong \sin\varphi_{\mathrm{ref}} + \frac{k}{2}\sin(2 \cdot \varphi_{\mathrm{ref}}) \tag{A.1-10}$$

Wird die PWM nun mit diesem modifizierten Referenzwinkel durchgeführt, so wird die Spannung am Verknüpfungspunkt beeinflusst. Nach der Park-Transformation der gemessenen Spannung am Anschlusspunkt führt dies zu einem 50-Hz-Anteil der q-Komponente der Spannung. Dieser Anteil kann mit einem Bandpass herausgefiltert und bewertet werden. Wenn die Differenz dieses Anteils zu einem festen oder gleitenden Referenzwert zu groß wird, kann dies als Kriterium für eine ungewollte Inselnetzbildung herangezogen werden.

A.1.7 *Impedanzzuschaltung (DA_IZ)*

Um die Leistungsbilanz in einem Inselnetz zu stören, wird bei diesem Verfahren nach jeder Schalteröffnung, bei der potentiell ein Inselnetz auftreten könnte, zusätzlich eine Impedanz zu- oder abgeschaltet [95]. Die Schaltung wird zeitverzögert durchgeführt, um einen bereits unausgeglichenen Leistungszustand nicht ungewollt auszugleichen. In dieser Untersuchung wird die Schaltung daher 2.5 s nach der Trennung vom vorgelagerten Netz durchgeführt. Die zugeschaltete Kapazität wurde in diesem Beitrag auf 30% der induktiven Blindleistung Q_L im ausbilanzierten Zustand dimensioniert.

A.2 Vorgaben für die statische Netzstützung

Im Allgemeinen kann durch den untererregten Betrieb die Spannung am Anschlusspunkt der DEA reduziert werden. Dies ist sinnvoll, wenn bei großer Wirkleistungseinspeisung die Spannung am Einspeisepunkt der DEA angestiegen ist, wie in Bild A.2-1 dargestellt. Durch die Aufnahme von Blindleistung (untererregter Betrieb) kann die Spannung dann ohne Verringerung der eingespeisten Wirkleistung im Toleranzband gehalten werden.

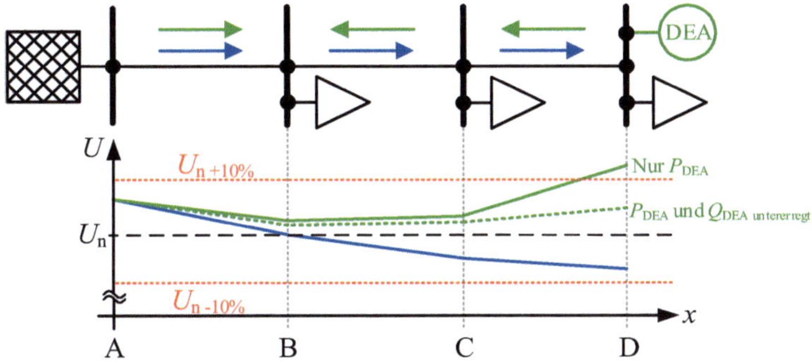

Bild A.2-1: Spannungsabfall und Leistungsflussrichtungen über einer Leitung ohne (blau) und mit (grün) dezentraler Erzeugungsanlage am Ende der Leitung

Die Bereitstellung von Blindleistung (übererregter Betrieb) andererseits dient der Spannungsstützung, indem der induktive Blindleistungsbedarf des Netzes gedeckt wird. Damit wird dem Absinken der Spannung entgegengewirkt. Außerdem wird der Blindleistungsbezug aus dem vorgelagerten Netz verringert und damit Leitungen und Transformatoren weniger stark ausgelastet.

A.2.1 *Konstanter cos φ oder konstantes Q*

In der Nieder- und Mittelspannung darf ein konstanter cos φ und in der Mittelspannung alternativ auch ein konstanter Betrag der Blindleistung vorgegeben werden. Dabei müssen die vorgegebenen Werte jedoch innerhalb der zulässigen Grenzwerte des cos φ liegen. Diese Variante ist die einfachste Einstellmöglichkeit, gewährleistet aber nicht in jedem Fall eine sinnvolle statische Netzstützung.

A.2.2 *cos φ in Abhängigkeit von der Wirkleistung*

Diese Kennlinie kann abhängig von der Wirkleistungseinspeisung einen unter- oder übererregten Betrieb ermöglichen. Damit kann insbesondere erreicht werden, dass der Einfluss der jeweiligen Anlage auf die Spannungshaltung minimiert wird.

Eine DEA kann sowohl zur Blindleistungsbereitstellung als auch zum -bezug dienen (Bild A.2-2a) oder getrennt nur eine der beiden Aufgaben übernehmen (Bild A.2-2b). Die dargestellten Kennlinien sind dabei nur Beispiele für mögliche Kennlinien des Netzbetreibers.

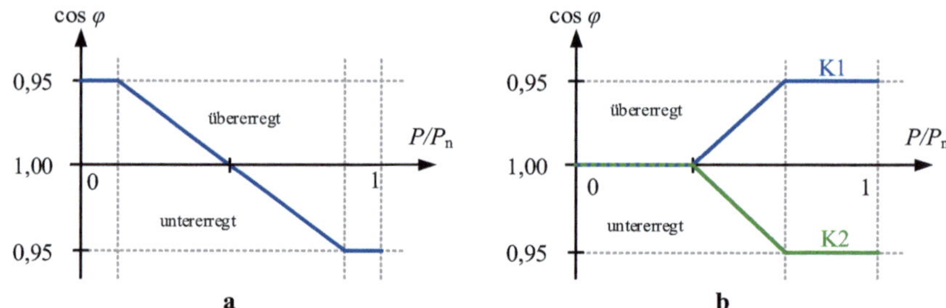

Bild A.2-2: cos φ in Abhängigkeit von der Wirkleistung; **a** Bereitstellung und Bezug von Blindleistung; **b** Ausschließlich Bereitstellung (K1) oder Bezug (K2) von Blindleistung

A.2.3 *Blindleistung in Abhängigkeit von der Spannung*

Das Prinzip dieser Kennlinie ähnelt dem wirkleistungsabhängigen Verschiebungsfaktor. Hierbei wird die Blindleistung jedoch unabhängig von der eingespeisten Wirkleistung gefordert. Somit können auch Anlagen zur statischen Netzstützung beitragen, die nur sehr wenig Leistung einspeisen. Dabei sind jedoch mitunter technische Grenzen gesetzt, da nicht alle Anlagen in der Lage sind arbeitspunktunabhängig ihre Bemessungs-Blindleistung zur Verfügung zu stellen. Anlagen mit STATCOM-Verhalten wären beispielsweise in der Lage auch bei $P_\mathrm{DEA} = 0$ ihre Bemessungsleistung als Blindleistung an das Netz zu liefern oder aufzunehmen.

In Bild A.2-3 ist eine Variante der $Q(U)$-Kennlinie dargestellt. Diese weist um $U/U_\mathrm{n} = 1$ p.u. ein Totband auf, innerhalb dessen keine Blindleistung bereitgestellt oder aufgenommen werden muss. Um zu verhindern, dass sich mehrere DEA gegeneinander aufschwingen, weil manche übererregt und manche untererregt arbeiten, wird in der $Q(U)$-Kennlinie mitunter eine Hysterese vorgesehen. Diese ist in Bild A.2-3 mit einer gestrichelten Linie dargestellt.

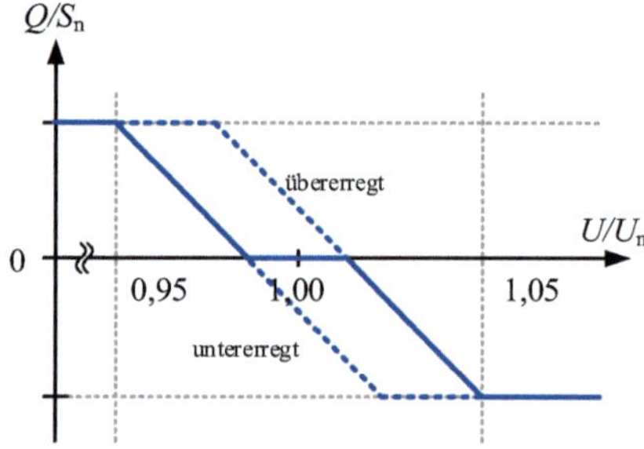

Bild A.2-3: Kennlinie zur spannungsabhängigen Blindleistung

A.3 Messungen zum Verhalten von Niederspannungs-PV-Wechselrichtern bei Spannungseinbrüchen

Wie in Abschnitt 3.3 behandelt, ist das Ziel bei der Einspeisung über Wechselrichter zumeist, maximale Wirkleistung P_{DEA} und eine geforderte Blindleistung Q_{DEA} in das elektrische Netz zu speisen. Dazu muss der eingespeiste Strom I_{DEA} abhängig von der aktuellen Klemmenspannung U_k variiert werden. Bei einem Absinken der Spannung muss somit der eingespeiste Strom vergrößert werden, damit die Leistung konstant gehalten werden kann. Ist der Strom jedoch bereits vor dem Spannungseinbruch nahe am Bemessungswert I_n, so wirkt eine Strombegrenzung, die eine thermische Überlastung der IGBT verhindern soll. An mehreren Niederspannungs-PV-Wechselrichtern (zwei einphasige WR1 und WR2 sowie ein dreiphasiger WR3) wurden daher im Labor Versuche durchgeführt, um das Stromverhalten bei verschieden starken Spannungseinbrüchen zu untersuchen.

A.3.1 *Spannungseinbruch auf 0,8 und 0,9 p.u.*

Spannungseinbrüche auf 0,9 und 0,8 p.u. dürfen zu keiner Abschaltung des Wechselrichters führen, da der Entkupplungsschutz in der Regel auf 0,8 p.u. oder kleinere Werte eingestellt sein muss. Anforderungsgemäß erfolgt bei keinem der drei WR im Zuge der Spannungseinbrüche eine Abschaltung. Die WR vergrößerten im Falle eines Spannungseinbruchs im Betrieb mit $0,5\,P_n$ den eingespeisten Strom, um die abgegebene Wirkleistung konstant zu halten wie in Bild A.3-1a zu sehen ist. Im Betrieb mit P_n floss bereits vor dem Spannungseinbruch $I \approx I_n$, sodass der Stromanstieg begrenzt wird und die Leistungsabgabe insgesamt damit geringer wird. Dies ist in Bild A.3-1b für WR2 dargestellt.

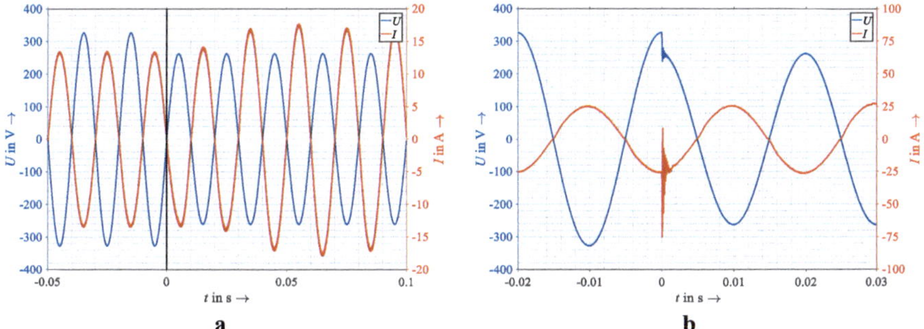

Bild A.3-1: Spannungseinbruch auf 0,8 p.u.; **a** $\varphi_{U\,L1} = 0°$ mit WR1; **b** $\varphi_{U\,L1} = 90°$ mit WR2

Zusätzlich wurde auch der Einfluss des Zeitpunktes der Spannungseinbrüche untersucht. Dabei wird der Winkel $\varphi_{U\,L1}$ genutzt, welcher die Phasenlage der Spannung in Leiter 1 zum Zeitpunkt des Spannungseinbruchs beschreibt. Grundlegend ist das Verhalten der WR für $\varphi_{U\,L1} > 0$ identisch zum Fall $\varphi_{U\,L1} = 0$. Bei allen Wechselrichtern zeigt sich jedoch für $\varphi_{U\,L1} > 0$ im Moment des Spannungseinbruchs zusätzlich eine Stromspitze (teilweise bis zu $9\,I_n$), die innerhalb von wenigen ms wieder abklingt. Diese ist bei $\varphi_{U\,L1} = 90$ maximal, wie ebenfalls in Bild A.3-1b zu erkennen ist.

Die Ursache für diese Stromspitze ist das Entladen der Filterkapazität C_f durch die plötzliche Spannungsdifferenz am PCC. Durch die unterschiedliche Größe von C_f und möglicher Topologieunterschiede der Filter (LC oder LCL) ist die Höhe der Stromspitze bei allen WR unterschiedlich.

A.3.2 *Spannungseinbruch auf 0 und 0,3 p.u.*

In weiteren Messungen wurden starke Spannungseinbrüche auf 0,3 und 0 p.u. untersucht. Die einphasigen WR1 und WR2 begrenzen den Strom in diesen Fällen auf das 1-1,2fache des Stromes vor dem Einbruch. Nur der 3-phasige WR 3 vergrößerte nach dem Spannungseinbruch den eingespeisten Strom bis auf I_n. Die Abschaltung erfolgt bei

- WR1 nach rund 1,5 Perioden (25-35 ms)

- WR2 nach ungefähr einer Viertelperiode (5-7 ms)

- WR3 unverzögert (bei sehr großem Strompeak) oder nach 8,5 Perioden (170 ms):

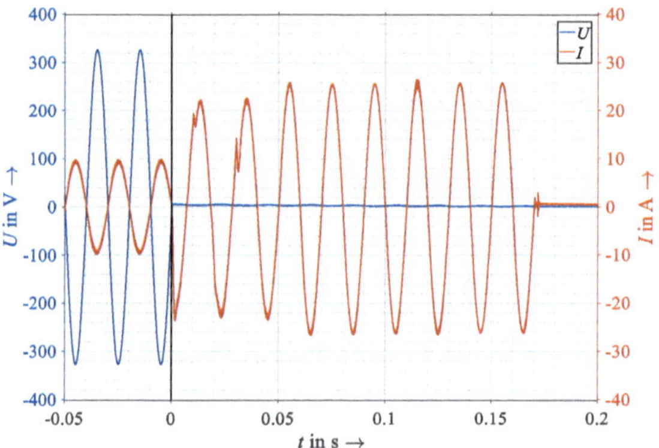

Bild A.3-2: Spannungseinbruch auf 0 p.u. und $\varphi_{U\,L1} = 0°$ mit WR3

A.3.3 *Strombegrenzung der Wechselrichter*

Zusammenfassend lässt sich aus den durchgeführten Messungen ableiten, dass alle drei Wechselrichter ihren Strom auf den Wert I_n begrenzen. Kurzzeitige Überschreitungen resultieren aus der Zeitverzögerung der Stromregelung und den Ausgleichsströmen der Filterkapazität. Im vorgestellten Modell in Abschnitt 3.3 wird daher von einer Strombegrenzung auf den Nennstrom der Wechselrichter ausgegangen.

A.4 Entkopplung des d- und q-Pfades im Stromregler

Der Ausgangskreis des Wechselrichters in Bild 3-6 ergibt in Raumzeigerdarstellung mit ruhenden Koordinaten die Maschengleichung in Gl. (A.4-1).

$$L_A \frac{d\underline{i}_{DEA}}{dt} = -R_A \cdot \underline{i}_{DEA} + \underline{u}_{PWM} - \underline{u}_k \tag{A.4-1}$$

Transformiert man diese Gleichung in das dq-Koordinatensystem so erhält man die Gln. (A.4-2) und (A.4-3).

$$L_A \frac{di_{d\,DEA}}{dt} = L_A \omega \cdot i_{q\,DEA} - R_A \cdot i_{d\,DEA} + u_{d\,PWM} - u_{d\,k} \tag{A.4-2}$$

$$L_A \frac{di_{q\,DEA}}{dt} = -L_A \omega \cdot i_{d\,DEA} - R_A \cdot i_{q\,DEA} + u_{q\,PWM} - u_{q\,k} \tag{A.4-3}$$

Mit diesem Differentialgleichungssystem wird das dynamische Verhalten auf der Ausgangsseite des Spannungsumrichters beschrieben. Dabei sind $i_{d\,DEA}$ und $i_{q\,DEA}$ Zustandsgrößen, $u_{d\,PWM}$ und $u_{q\,PWM}$ die Regelgrößen und $u_{d\,k}$ sowie $u_{d\,k}$ die Störgrößen. Es ist zu erkennen, dass für dynamische Vorgänge zwischen der d- und q-Komponente eine Kopplung aufgrund der $L_A\omega$-Terme besteht. In der Reglerstruktur kann diese gezielt durch Querzweige aufgehoben werden. Dazu wird vor der Bildung der Modulationssignale die sich aus dem PI-Regler ergebende Spannung in Bild 3-7 mit zusätzlichen Querzweigen aus den Gln. (A.4-4) und (A.4-5) modifiziert.

$$u_{d\,PWM\,ref} = u_d - L_A \omega \cdot i_{q\,DEA} \tag{A.4-4}$$

$$u_{q\,PWM\,ref} = u_q + L_A \omega \cdot i_{d\,DEA} \tag{A.4-5}$$

Damit können d- und q-Zweig entkoppelt und die Dynamik des Wechselrichters verbessert werden.

A.5 Herleitung der Leistungsgleichungen für L_RLC

Die Leistungen von Widerstand P_R, Induktivität Q_L und Kapazität Q_C lassen sich für die Parallelschaltung der Elemente im Verbraucherzählpfeilsystem mit den Gln. (A.5-1) bis (A.5-3) aus Spannung, Frequenz und den Kenngrößen der Elemente berechnen.

$$P_R(U) = \frac{U^2}{R} \tag{A.5-1}$$

$$Q_L(U,f) = \frac{U^2}{2\pi f \cdot L} \tag{A.5-2}$$

$$Q_C(U,f) = -U^2 \cdot 2\pi f \cdot C \tag{A.5-3}$$

Die Gesamtwirkleistung P_{RLC} ergibt sich ausschließlich aus dem Anteil P_R des ohmschen Widerstands, während sich die Gesamtblindleistung Q_{RLC} als Summe aus Q_L und Q_C in Gl. (A.5-4) ergibt.

$$Q_{RLC}(U,f) = U^2 \cdot \left(\frac{1}{2\pi f \cdot L} - 2\pi f \cdot C \right) \tag{A.5-4}$$

Bei den Nenngrößen U_0 und f_0 ergeben sich daraus die Referenzwerte P_0 und Q_0 in den Gln. (A.5-5) und (A.5-6).

$$P_0(U) = \frac{U_0^2}{R} \tag{A.5-5}$$

$$Q_0(U,f) = U_0^2 \cdot \left(\frac{1}{2\pi f_0 \cdot L} - 2\pi f_0 \cdot C \right) \tag{A.5-6}$$

Bezieht man P_{RLC} auf P_0 und Q_{RLC} auf Q_0, so lassen sich damit die beiden Gln. (A.5-7) und (A.5-8) des Lastmodells L_RLC ermitteln.

$$P_{RLC}(U) = P_0 \cdot \left(\frac{U}{U_0} \right)^2 \tag{A.5-7}$$

$$Q_{RLC}(U,f) = Q_0 \cdot \left(\frac{U}{U_0} \right)^2 \cdot \frac{\left. 1 - 4\pi^2 f^2 \cdot CL \middle/ 2\pi f \cdot L \right.}{\left. 1 - 4\pi^2 f_0^2 \cdot CL \middle/ 2\pi f_0 \cdot L \right.} \tag{A.5-8}$$

$$Q_{RLC}(U,f) = Q_0 \cdot \left(\frac{U}{U_0} \right)^2 \cdot \frac{f_0 - 4\pi^2 \cdot f^2 \cdot f_0 \cdot LC}{f - 4\pi^2 \cdot f \cdot f_0^2 \cdot LC}$$

A.6 Ermittlung der Lastmodellparameter für einzelne elektrische Geräte

Der Messaufbau in Bild A.6-1 wurde genutzt um das Lastverhalten einzelner elektrischer Geräte zu untersuchen. Ein Verstärker (ELGAR SW5250A) dient dabei als verstellbare Spannungsquelle und versorgt das zu untersuchende Gerät (EUT) mit Energie.

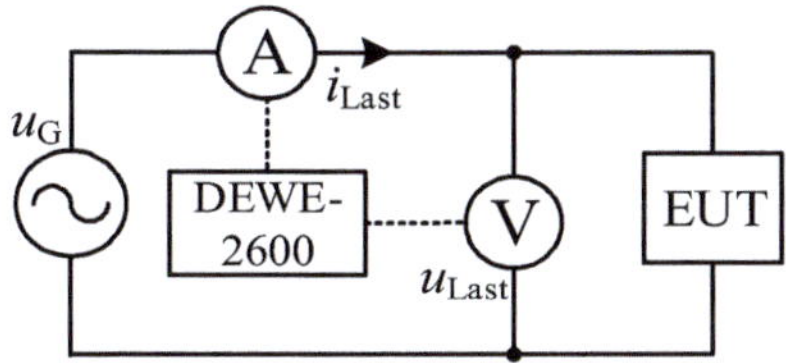

Bild A.6-1: Messaufbau zur Bestimmung des Lastverhaltens
einzelner elektrischer Geräte (EUT)

In jedem Messdurchlauf wurde entweder Spannung oder Frequenz sprungartig geändert. Die Momentanwerte von Spannung u_{Last} und Strom i_{Last} wurden dabei mit dem Transientenrekorder DEWE 2600 und einer Abtastrate von 100 kS/s aufgenommen. Der Messvorgang wurde automatisiert, sodass jeder Messdurchlauf bei den Nennwerten von Spannung (230 V) und Frequenz (50 Hz) startete, um identische Startbedingungen zu gewährleisten. Für jedes Gerät wurden die Sprünge in Tabelle A.6-1 angewendet.

Tabelle A.6-1: Durchgeführte Spannungs- und Frequenzsprünge

ΔU in V	-23	-15	-10	-5	+5	+10	+15	+23
Δf in Hz	-2,5	-1,5	-1,0	-0,5	+0,5	+1,0	+1,5	+2,0

Zur Bestimmung der Lastmodellparameter aus den gemessenen Verläufen wurde die Methode der kleinsten Quadrate für nichtlineare Modelle verwendet. Dazu wurde das Trust-Region-Verfahren genutzt, da es im Gegensatz zum Levenberg-Marquardt-Algorithmus die Definition von oberen und unteren Grenzen der Parameter zulässt.
Zur Bestimmung der Parameter statischer Lastmodelle wurden die Anfangs- und Endwerte der Leistungen, Spannungen und Frequenzen genutzt. Ein Beispiel für den Zusammenhang zwischen Spannung und Wirkleistungsaufnahme ist dabei in Bild A.6-2 dargestellt. Für doe dynamischen Lastmodelle wurden die Zeitverläufe aller Spannungs- und Frequenzsprünge parallel mit der Methode der kleinsten Quadrate optimiert. Der Verlauf in Bild A.6-3 zeigt beispielhaft ein dynamisches Modell erster Ordnung.

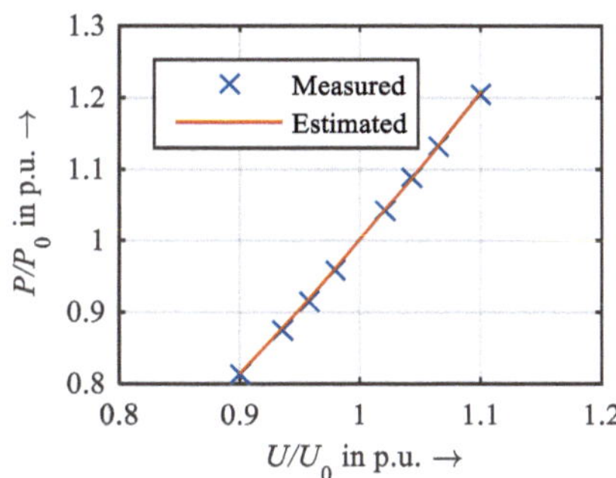

Bild A.6-2: Gemessene und geschätzte
Wirkleistung eines Radiators in
Abhängigkeit von der Spannung

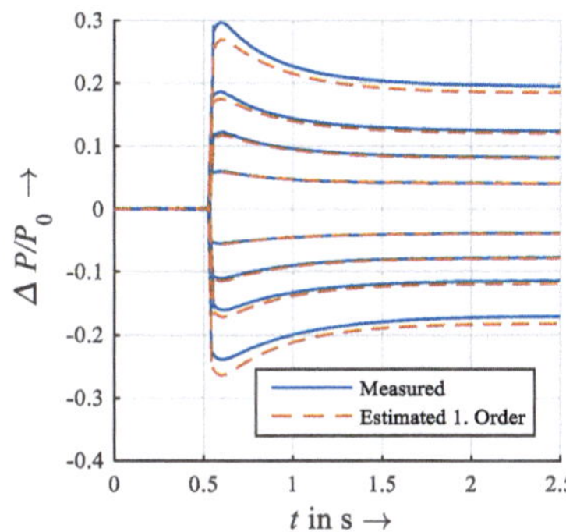

Bild A.6-3: Gemessene und geschätzte
Wirkleistung eines Staubsaugers
bei versch. Spannungssprüngen

A.7 Anpassungstests der neuen Lastmodelle

Für die Parameter der Lastmodelle in Abschnitt 4.3 wurde eine Normalverteilung angenommen. Um zu überprüfen, ob die ermittelten Parameter tatsächlich wie angenommen normalverteilt sind, wurden sowohl der Kolmogorov-Smirnov-Test als auch der Anderson-Darling-Test mit dem Signifikanzniveau $\alpha = 5\,\%$ der Normalverteilung als Nullhypothese durchgeführt. Die Testgröße $d_{\max}$ für den Kolmogorov-Smirnov-Test ergibt sich dabei als maximale Abweichung der empirischen Summenverteilung von der angenommenen Verteilung nach Gl. (A.7-1). Der kritische Wert wird mit Gl. (A.7-2) ermittelt.

$$d_{oi} = |S(x_i) - F_0(x_i)|$$

$$d_{ui} = |S(x_{i-1}) - F_0(x_i)| \tag{A.7-1}$$

$$d_{\max} = \max(d_{oi}; d_{ui})$$

$$d_{\mathrm{krit}} = \frac{\sqrt{-0{,}5 \cdot \ln\left(\frac{\alpha}{2}\right)}}{\sqrt{n}} \tag{A.7-2}$$

Beim Anderson-Darling-Test wird die Testgröße A^2 mit Gl. (A.7-3) berechnet. Dazu müssen zunächst die Beobachtungen X_i mit Gl. (A.7-4) in eine Standard Normalverteilung überführt werden. Der kritische Wert A^2_{krit} kann nicht ohne weiteres berechnet werden und muss daher aus Literatur entnommen werden [96].

$$A^2 = -n - \sum_{k=1}^{n} \frac{2k-1}{n} \left[\ln F(Y_k) + \ln\left(1 - F(Y_{n+1-k})\right)\right] \tag{A.7-3}$$

$$Y_i = \frac{X_i - \mu}{\sigma} \tag{A.7-4}$$

Die Testgrößen und die jeweiligen kritischen Werte wurden in Tabelle A.7-1 eingetragen. Lediglich der Parameter k_{qf} wurde mit dem Anderson-Darling-Test abgelehnt und kann nicht mit einer Normalverteilung nachgebildet werden. Eine mögliche Ursache dafür kann die geringe Anzahl an Stichproben, die für die statistische Auswertung zur Verfügung standen, sein.

Tabelle A.7-1: Lastmodellparameter mit einer Normalverteilung

		k_{pu}	k_{pf}	k_{qu}	k_{qf}
Kolmogorov-Smirnov-Test	$d_{\max}$	0,087	0,167	0,160	0,196
	d_{krit}	0,269	0,254	0,269	0,254
Anderson-Darling-Test	A^2	0,159	0,416	0,521	0,867
	A^2_{krit}	0,726	0,729	0,726	0,729

Unter Annahme einer logarithmischen Normalverteilung wie in Gl. (A.7-5) für $|k_{\mathrm{qf}}|$ ergibt sich beim Anderson-Darling-Test $A^2 = 0{,}467 < A^2_{\mathrm{krit}}$. Die Betragsbildung ist erforderlich, damit der negative Wert von k_{qf} wiedergegeben werden kann. Als Parameter der logarithmischen Normalverteilung ergeben sich für k_{qf} damit $\mu_{\mathrm{qf}} = 1{,}35$ und $\sigma_{\mathrm{qf}} = 0{,}19$. Durch die Betragsbildung muss μ_{qf} noch mit -1 multipliziert werden.

$$f(x) = \frac{1}{x \cdot \sigma \cdot \sqrt{2\pi}} \cdot e^{\frac{-(\ln x - \mu)^2}{2\sigma^2}} \tag{A.7-5}$$

A.8 Parameter der DEA in den Untersuchungsszenarien

Aufgrund der unterschiedlichen Konfigurationen und Systemgrößen der beiden Untersuchungsszenarien mussten die Modell- und Reglerparameter der DEA angepasst werden.

A.8.1 DEA im generischen Verteilnetz

Die Parameter für das Szenario mit zentralen DEA (E_ZEN) sind in Tabelle A.8-1 und Tabelle A.8-2 aufgelistet.

Tabelle A.8-1: Parameter für G_WR im generischen Verteilnetz, zentral positionierte DEA

Bezeichnung	Symbol	Wert	Einheit
Wechselrichter			
Bemessungsspannung (AC)	$U_{r\,AC}$	0,4	kV
Bemessungsspannung (DC)	$U_{r\,DC}$	0,816	kV
Bemessungsleistung	S_r	2,5	MVA
Kurzschlussimpedanz	u_k	10	%
Kupferverluste	P_{Cu}	25	kW
Stromregler			
Proportionalverstärkung	K_p	0,6366	p.u.
Integralverstärkung	K_i	20	1/s
Phase Locked Loop			
Proportionalverstärkung	K_p	50	p.u.
Integralverstärkung	K_i	10	1/s

Tabelle A.8-2: Parameter für G_ASG im generischen Verteilnetz, zentral positionierte DEA

Bezeichnung	Symbol	Wert	Einheit
Kenndaten			
Nennspannung	U_n	0,4	kV
Mechanische Nennleistung	P_n	630	kW
Nenn-Leistungsfaktor	$\cos\varphi_n$	0,88	-
Wirkungsgrad bei Nennbetrieb	η_n	96,8	%
Nennfrequenz	f_n	50	Hz
Nenndrehzahl	n_n	1491	min^{-1}
Polpaarzahl	p	2	-
Parameter			
Anlaufstrom	I_{an}/I_n	7	p.u.
Anlaufdrehmoment	m_A	2,1	p.u.
Drehmoment am Kipppunkt	m_K	2,5	p.u.
Ständerreaktanz	x_S	0,01	p.u.
Ständerwiderstand	r_S	0,023	p.u.
Läuferstreureaktanz	x_{rm}	0,01	p.u.
Magnetische Reaktanz	x_m	3,096	p.u.
Trägheitsmoment	J	23,86	kgm²
Anlaufzeitkonstante	τ_A	0,929	s

Für das Szenario mit dezentralen DEA (E_DEZ) sind die Parameter in Tabelle A.8-3 und Tabelle A.8-4 aufgeführt.

Tabelle A.8-3: Parameter für G_WR im generischen Verteilnetz, dezentral positionierte DEA

Bezeichnung	Symbol	Wert	Einheit
Wechselrichter			
Bemessungsspannung (AC)	U_{rAC}	0,4	kV
Bemessungsspannung (DC)	U_{rDC}	0,816	kV
Bemessungsleistung	S_r	0,5	MVA
Kurzschlussimpedanz	u_k	10	%
Kupferverluste	P_{Cu}	5	kW
Stromregler			
Proportionalverstärkung	K_p	0,6366	p.u.
Integralverstärkung	K_i	20	1/s
Phase Locked Loop			
Proportionalverstärkung	K_p	50	p.u.
Integralverstärkung	K_i	10	1/s

Tabelle A.8-4: Parameter für G_ASG im generischen Verteilnetz, dezentral positionierte DEA

Bezeichnung	Symbol	Wert	Einheit
Kenndaten			
Nennspannung	U_n	0,4	kV
Mechanische Nennleistung	P_n	200	kW
Nenn-Leistungsfaktor	$\cos \varphi_n$	0,87	-
Wirkungsgrad bei Nennbetrieb	η_n	95,9	%
Nennfrequenz	f_n	50	Hz
Nenndrehzahl	n_n	1485	min^{-1}
Polpaarzahl	p	2	-
Parameter			
Anlaufstrom	I_{an}/I_n	7	p.u.
Anlaufdrehmoment	m_A	2,6	p.u.
Drehmoment am Kipppunkt	m_K	2,7	p.u.
Ständerreaktanz	x_S	0,01	p.u.
Ständerwiderstand	r_S	0,027	p.u.
Läuferstreureaktanz	x_{rm}	0,01	p.u.
Magnetische Reaktanz	x_m	2,741	p.u.
Trägheitsmoment	J	4,158	kgm^2
Anlaufzeitkonstante	τ_A	0,508	s

A.8.2 DEA in der Ein-Sammelschienen-Anordnung

In der Ein-Sammelschienen-Anordnung werden kleinere Erzeugungsanlagen verwendet. Die Parameter dieser DEA sind in Tabelle A.8-5 und Tabelle A.8-6 eingetragen.

Tabelle A.8-5: Parameter für G_WR in der Ein-Sammelschienen-Anordnung

Bezeichnung	Symbol	Wert	Einheit
Wechselrichter			
Bemessungsspannung (AC)	$U_{r\,AC}$	0,4	kV
Bemessungsspannung (DC)	$U_{r\,DC}$	0,816	kV
Bemessungsleistung	S_r	100	kVA
Kurzschlussimpedanz	u_k	10	%
Kupferverluste	P_{Cu}	1	kW
Stromregler			
Stromregler			
Proportionalverstärkung	K_p	0,6366	p.u.
Integralverstärkung	K_i	20	1/s
Phase Locked Loop			
Proportionalverstärkung	K_p	10	p.u.
Integralverstärkung	K_i	30	1/s

Tabelle A.8-6: Parameter für G_ASG in der Ein-Sammelschienen-Anordnung

Bezeichnung	Symbol	Wert	Einheit
Kenndaten			
Nennspannung	U_n	0,4	kV
Mechanische Nennleistung	P_n	30	kW
Nenn-Leistungsfaktor	$\cos\varphi_n$	0,86	-
Wirkungsgrad bei Nennbetrieb	η_n	91,8	%
Nennfrequenz	f_n	50	Hz
Nenndrehzahl	n_n	1465	min^{-1}
Polpaarzahl	p	2	-
Parameter			
Anlaufstrom	I_{an}/I_n	7	p.u.
Anlaufdrehmoment	m_A	2,6	p.u.
Drehmoment am Kipppunkt	m_K	3,2	p.u.
Ständerreaktanz	x_S	0,1	p.u.
Ständerwiderstand	r_S	0,052	p.u.
Läuferstreureaktanz	x_{rm}	0,1	p.u.
Magnetische Reaktanz	x_m	2,715	p.u.
Trägheitsmoment	J	0,234	kgm^2
Anlaufzeitkonstante	τ_A	0,188	s

A.9 Leitungsparameter im generischen Verteilnetz

Die verwendeten Parameter der Kabel- und Freileitungen sind in Tabelle A.9-1 eingetragen.

Tabelle A.9-1: Leitungsparameter im generischen Verteilnetz

Verbindung von	Verbindung zu	R'_1 in Ω/km	X'_1 in Ω/km	B'_1 in μS/km	R'_0 in Ω/km	X'_0 in Ω/km	B'_0 in μS/km	l in km
SS 1	SS 2	0,501	0,716	47,493	0,817	1,598	47,493	2,82
SS 2	SS 3	0,501	0,716	47,493	0,817	1,598	47,493	4,42
SS 3	SS 4	0,501	0,716	47,493	0,817	1,598	47,493	0,61
SS 4	SS 5	0,501	0,716	47,493	0,817	1,598	47,493	0,56
SS 5	SS 6	0,501	0,716	47,493	0,817	1,598	47,493	1,54
SS 6	SS 7	0,501	0,716	47,493	0,817	1,598	47,493	0,24
SS 7	SS 8	0,501	0,716	47,493	0,817	1,598	47,493	1,67
SS 8	SS 9	0,501	0,716	47,493	0,817	1,598	47,493	0,32
SS 9	SS 10	0,501	0,716	47,493	0,817	1,598	47,493	0,77
SS 10	SS 11	0,501	0,716	47,493	0,817	1,598	47,493	0,33
SS 11	SS 4	0,501	0,716	47,493	0,817	1,598	47,493	0,49
SS 3	SS 8	0,501	0,716	47,493	0,817	1,598	47,493	1,30
SS 12	SS 13	0,510	0,366	3,172	0,658	1,611	1,280	4,89
SS 13	SS 14	0,510	0,366	3,172	0,658	1,611	1,280	2,99
SS 14	SS 8	0,510	0,366	3,172	0,658	1,611	1,280	2,00

A.10 Einzelne und Gesamt-Summenhäufigkeitsfunktionen der IDV

Im Folgenden sind alle Summenhäufigkeitsfunktionen der einzelnen IDV dargestellt. Die daraus ermittelten Bewertungskriterien werden in Abschnitt 6.3 behandelt

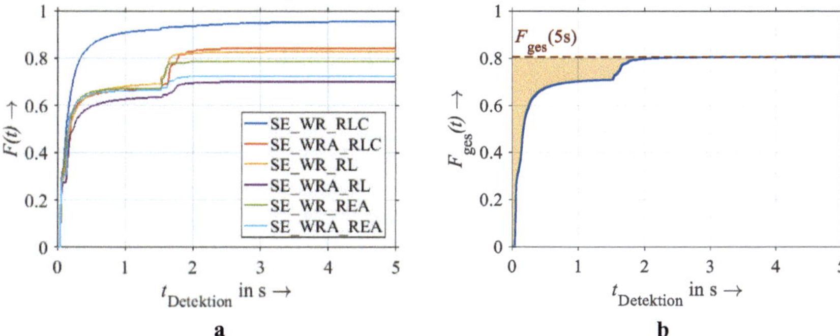

Bild A.10-1: Summenhäufigkeitsfunktionen der Detektionszeiten bei DP_UFS; **a** Einzeln für alle Szenarien; **b** Gesamt

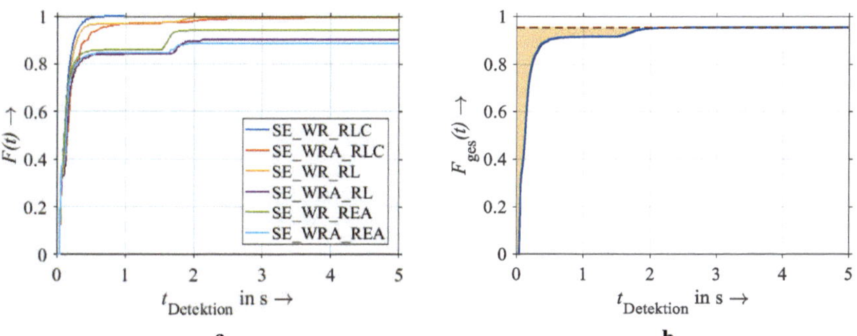

Bild A.10-2: Summenhäufigkeitsfunktionen der Detektionszeiten bei DA_FS; **a** Einzeln für alle Szenarien; **b** Gesamt

143

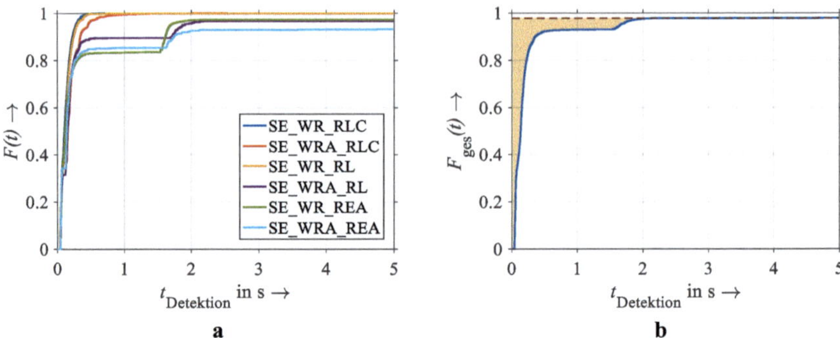

Bild A.10-3: Summenhäufigkeitsfunktionen der Detektionszeiten bei DA_PS; **a** Einzeln für alle Szenarien; **b** Gesamt

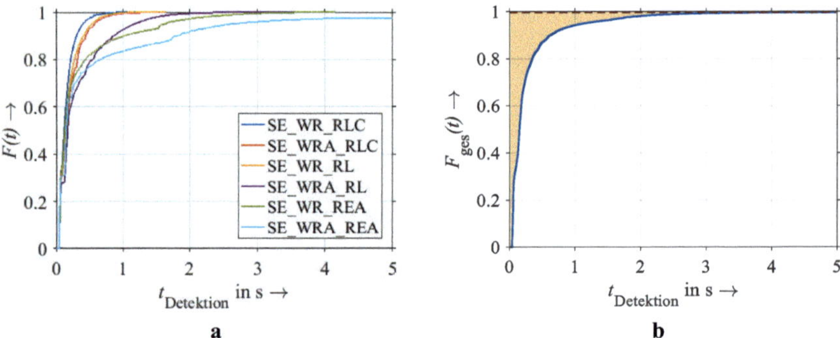

Bild A.10-4: Summenhäufigkeitsfunktionen der Detektionszeiten bei DA_QFR mit minimalem cos φ = 0,95; **a** Einzeln für alle Szenarien; **b** Gesamt

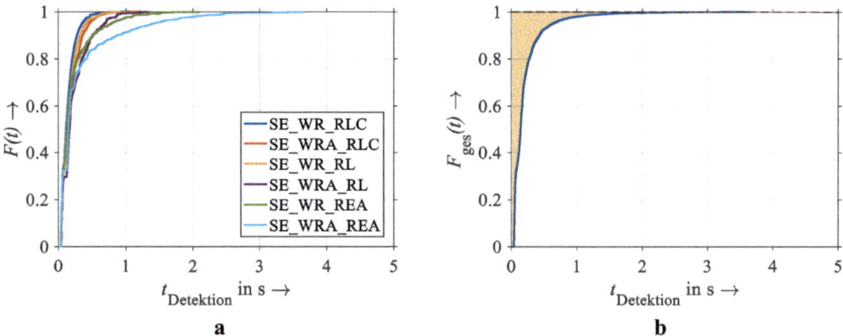

Bild A.10-5: Summenhäufigkeitsfunktionen der Detektionszeiten bei DA_QFR mit minimalem cos $\varphi = 0{,}90$; **a** Einzeln für alle Szenarien; **b** Gesamt

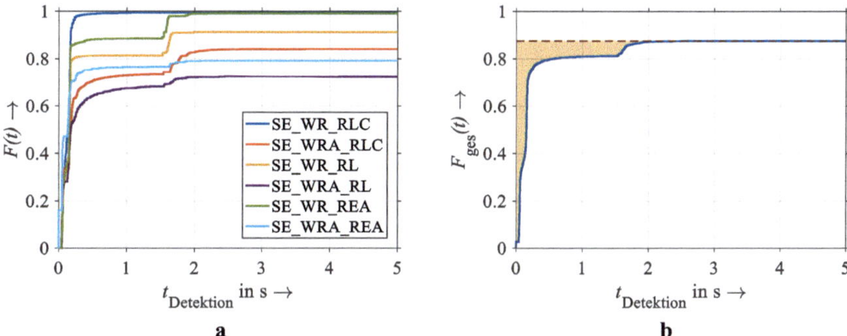

Bild A.10-6: Summenhäufigkeitsfunktionen der Detektionszeiten bei DA_MPH; **a** Einzeln für alle Szenarien; **b** Gesamt

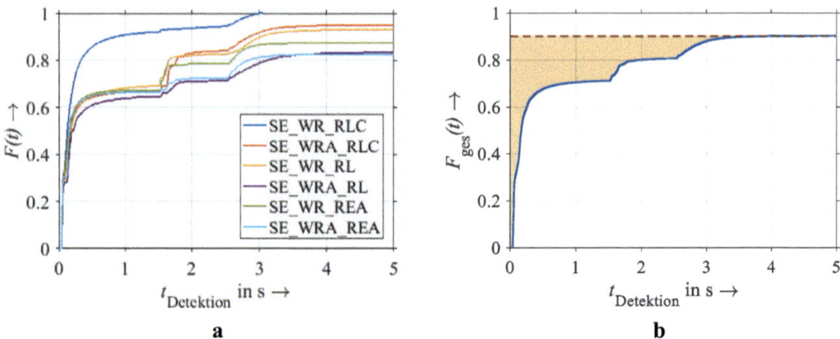

Bild A.10-7: Summenhäufigkeitsfunktionen der Detektionszeiten bei DA_IZ; **a** Einzeln für alle Szenarien; **b** Gesamt

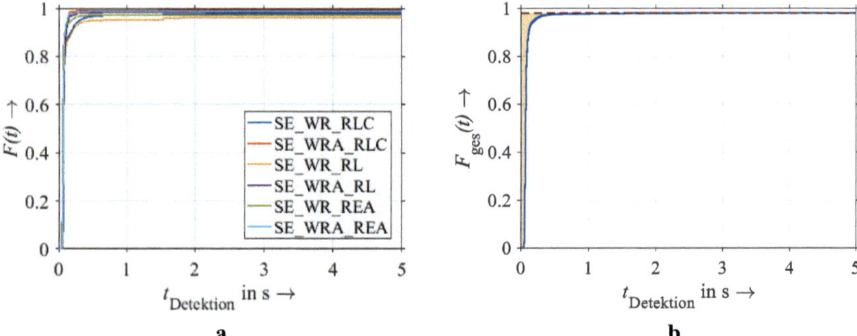

Bild A.10-8: Summenhäufigkeitsfunktionen der Detektionszeiten bei DP_PSD; **a** Einzeln für alle Szenarien; **b** Gesamt

A.11 Herleitung der Zusammenhänge für die Droop-Regelung

Mit dem einphasigen Ersatzschaltbild in Bild A.11-1 ergibt sich aus der an der DEA eingestellten Spannung die an das elektrische Netz abgegebene Leistung in Gl. (A.11-1). In Gl. (A.11-2) wurden die komplexen Größen ersetzt, wobei für die Spannung der Leistungswinkel δ und für die Leitung der Leitungswinkel θ eingeführt werden.

$$\underline{S} = \underline{U}_1 \cdot \underline{I}_1^* = \underline{U}_1 \left(\frac{\underline{U}_1 - \underline{U}_2}{\underline{Z}_L} \right)^* \tag{A.11-1}$$

$$P + jQ = U_1 \left(\frac{U_1 - U_2(\cos\delta - j\sin\delta)}{Z_L(\cos\theta - j\sin\theta)} \right) \tag{A.11-2}$$

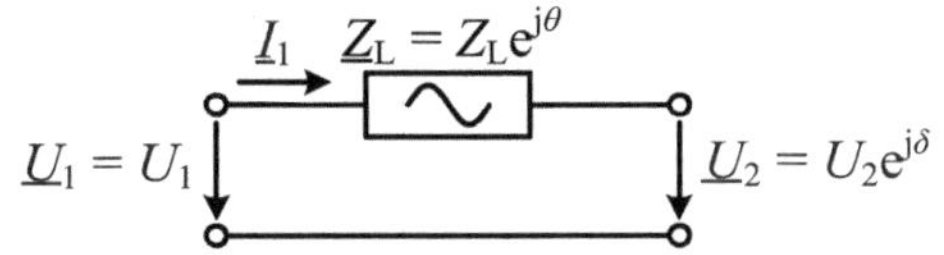

Bild A.11-1: Spannungsmasche einer Leitung in der einphasigen Darstellung

In Exponentialform lässt sich der Bruch wie in Gl. (A.11-3) vereinfachen.

$$P + jQ = \frac{U_1^2}{Z_L}e^{j\theta} - \frac{U_1 U_2}{Z_L}e^{j\theta}e^{-j\delta} \tag{A.11-3}$$

Teilt man diese Gleichung nun in Real- und Imaginärteil auf, so ergeben sich die allgemein geltenden Zusammenhänge der Leistungen in den Gln. (A.11-4) und (A.11-5). Für eine Leitung, bei der weder R_L noch X_L dominiert, hängen P und Q sowohl von der Spannung, als auch über den Leistungswinkel δ von der Frequenz ab.

$$P = \frac{U_1}{R_L^2 + X_L^2}\left(R_L(U_1 - U_2\cos\delta) - X_L U_2 \sin\delta\right) \tag{A.11-4}$$

$$Q = \frac{U_1}{R_L^2 + X_L^2}\left(R_L U_2 \sin\delta + X_L(U_1 - U_2\cos\delta)\right) \tag{A.11-5}$$

Da der Leistungswinkel δ für gewöhnlich sehr klein ist, gilt annähernd $\sin\delta \approx \delta$ und $\cos\delta \approx 1$. Damit vereinfachen sich die Gln. (A.11-4) und (A.11-5) zu Gln. (A.11-6) und (A.11-7).

$$P = \frac{U_1}{R_L^2 + X_L^2}\left(R_L(U_1 - U_2) - X_L U_2 \delta\right) \tag{A.11-6}$$

$$Q = \frac{U_1}{R_L^2 + X_L^2}\left(R_L U_2 \delta + X_L(U_1 - U_2)\right) \tag{A.11-7}$$

Dominierende Reaktanz der Leitung

In der Hoch- und Höchstspannungsebene dominiert auf den Leitungen die Reaktanz. Für die daraus folgende Annahme $X_L \gg R_L$ vereinfachen sich die Leistungsgleichungen zu den Gln. (A.11-8) und (A.11-9). Für diesen Fall besteht also ein direkter Zusammenhang zwischen U_1 und Q sowie δ und P. Der Winkel δ wiederum hängt dynamisch von der Frequenz, mit der in das Netz eingespeist wird, ab.

$$P = \frac{U_1 U_2}{X_L} \delta \qquad\qquad (A.11\text{-}8)$$

$$Q = \frac{U_1}{X_L} (U_1 - U_2) \qquad\qquad (A.11\text{-}9)$$

Dominierende Resistanz der Leitung

Im anderen Extremfall einer dominierenden Resistanz kehren sich die Verhältnisse um. Analog zur bisherigen Untersuchung gelten für den Fall $X_L \ll R_L$ die Gln. (A.11-10) und (A.11-11). In diesem Fall ist die Spannung proportional zur Wirkleistung, während die Blindleistung und die Frequenz über den Leistungswinkel zusammenhängen.

$$P = \frac{U_1}{R_L} (U_1 - U_2) \qquad\qquad (A.11\text{-}10)$$

$$Q = \frac{U_1 U_2}{R_L} \delta \qquad\qquad (A.11\text{-}11)$$